特色经济林产品质量安全与检测技术研究

孙晓薇 于 磊 金 钰 主编

黄河水利出版社

·郑州·

图书在版编目(CIP)数据

特色经济林产品质量安全与检测技术研究/孙晓薇,于磊,金钰主编.—郑州:黄河水利出版社,2019.9
ISBN 978-7-5509-2525-0

Ⅰ.①特…　Ⅱ.①孙…　②于…　③金…　Ⅲ.①经济林-林产品-质量管理-安全管理-研究-中国　Ⅳ.①S759.3

中国版本图书馆 CIP 数据核字(2019)第 221444 号

出　版　社:黄河水利出版社　　　　　　　　　　网址:www.yrcp.com
　　　　　地址:河南省郑州市顺河路黄委会综合楼 14 层　邮政编码:450003
发行单位:黄河水利出版社
　　　　　发行部电话:0371-66026940、66020550、66028024、66022620(传真)
　　　　　E-mail:hhslcbs@126.com
承印单位:虎彩印艺股份有限公司
开本:787 mm×1 092 mm　1/16
印张:14.25
字数:248 千字　　　　　　　　　　印数:1—1 000
版次:2019 年 9 月第 1 版　　　　　　印次:2019 年 9 月第 1 次印刷

定价:60.00 元

《特色经济林产品质量安全与检测技术研究》编委会

前　言

经济林是以生产果品、食用油料、饮料、调料、工业原料和药材等为主要目的的林木,是森林资源的重要组成部分。我国经济林树种资源丰富、产品种类多、产业链条长、应用范围广,发展经济林产业有利于有效利用国土资源,促进林业"双增"目标早日实现。通过大力发展以木本粮油、干鲜果品、木本药材和香辛料为主的特色经济林产品,有利于挖掘林地资源潜力,为城乡居民提供更为丰富的木本粮油和特色食品;有利于调整农村产业结构,促进农民就业增收和地方经济社会全面发展。

加强特色经济林产品(食用林产品)质量监测,提高林产品质量安全水平,确保人民群众"舌尖上的安全",是促进林业产业健康发展的重要手段,也是林业和草原主管部门履行职责、保障消费安全的紧迫任务。

基于此,本书根据近几年我国食用林产品行业监测情况,在长期工作积累的基础上结合实践调研进行了认真总结分析,从食用经济林产品的行业发展情况、质量安全状况、现行标准、检测方法及重点仪器用途和食用经济林产品目前的监管体系、法律法规进行了归纳整理。

全书内容涉及面较广,结构完整,数据详实,重点突出。可供科研院所的教学、科研参考,也可为政府相关部门的食用林产品质量安全监管工作提供一定的帮助。

本书的撰写得到了国家林业和草原局林产品质量与标准化研究中心、河南省林业局、国家林业和草原局林产品质量检验检测机构、河南省林业科学研究院有关领导、专家的大力支持和帮助,在此表示衷心感谢。

由于笔者水平和经验所限，书中谬误、不足之处在所难免。恳请广大读者、领导和专家批评指正。

本书中的特色经济林产品是指食用林产品。

编　者

2019 年 8 月

目　录

第一章　特色经济林产品行业发展概况及产品分类

第一节　经济林产品行业发展概况

一、发展经济林产业的意义

经济林是以生产果品、食用油料、饮料、调料、工业原料和药材等为主要目的的林木,是森林资源的重要组成部分。经济林产业是集生态、经济、社会效益于一身,融一、二、三产业为一体的生态富民产业,是生态林业与民生林业的最佳结合。我国经济林树种资源丰富、产品种类多、产业链条长、应用范围广,发展经济林产业有利于有效利用国土资源,促进林业"双增"目标早日实现。经济林在集体林中占有较大比重,发展特色经济林的重点在集体林。通过在集体林中大力发展以木本粮油、干鲜果品、木本药材和香辛料为主的特色经济林,有利于挖掘林地资源潜力,为城乡居民提供更为丰富的木本粮油和特色食品;有利于调整农村产业结构,促进农民就业增收和地方经济社会全面发展。同时,对改善人居环境、推动绿色增长、维护国家生态和粮油安全,都具有十分重要的意义。

二、我国特色经济林产品行业发展现状

党中央、国务院对经济林培育与产业发展高度重视,《中共中央 国务院关于加快林业发展的决定》以及中央林业工作会议都明确提出要突出发展名特优新经济林,特别要着力发展板栗、核桃、油茶等木本粮油,加快林业改革发展步伐。国家林业局相继出台一系列扶持政策,将木本粮油等特色经济林纳入"十二五"时期林业发展十大主导产业。各地把发展经济林作为活跃农村经济的特色产业、调整种植业结构的主导产业、推进山区农民脱贫致富的支柱产业来抓,经济林产业发展步伐不断加快。截至 2013 年底,全国经济林种植面积 3 781 万 hm²,总产量 1.48 亿 t,经济林种植与采集业年产值达到 9 240.37

亿元,占到林业第一产业产值的一半以上;全国近千个特色经济林重点县,经济林收入占到当地农民人均纯收入的 20% 以上,成为农村特别是山区农民收入的重要来源。

三、主要经济林产品发展情况

(一)板栗

板栗(*Castaneamollissima* Blume)又名栗、板栗、栗子、风栗,是壳斗科栗属植物。板栗素有"干果之王"的美称,与枣、柿子并称为"铁杆庄稼""木本粮食"。板栗不仅是我国特产干果,也是我国重要的木本粮食,并具有药用价值。板栗含有丰富的维生素 C、不饱和脂肪酸和矿物质,能够维持牙齿、骨骼、血管肌肉的正常功用,可以预防和治疗骨质疏松、腰腿酸软、筋骨疼痛、乏力等,是抗衰老、延年益寿的滋补佳品。板栗原产自中国,中国的板栗种植面积和产量均居世界第一。

我国板栗栽培分布北起辽宁、吉林,南至海南省,东起台湾及沿海各省,西至内蒙古、甘肃、四川、贵州等省(区),跨越温带至热带 5 个气候带,其中以黄河流域的华北地区和长江流域各省栽培最为集中,产量最多。我国地域辽阔,生态条件差异很大,形成了为数众多的板栗品种资源,在许多地区被列入地理标志产品名录。据《中国林业统计年鉴》统计,2014 年我国板栗重点主产区的板栗总产量达 228 万 t,相对于 2011 年我国板栗重点主产区板栗的总产量增产了 20.12%。

(二)核桃

核桃(*Juglans. regia* L.)是世界著名的四大坚果之一,属落叶乔木,其种仁具有较高的营养价值和保健功能,可制取食用油和制作各种食品。核桃又是重要的用材树种,被广泛种植于山区和田园,可提供优质木材和多种工业原料,同时在生态环境保护方面发挥着重大作用。

我国核桃栽培历史悠久,公元前 3 世纪张华著的《博物志》一书中,就有"张骞使西域,得还胡桃种"的记载。核桃的故乡是亚洲西部的伊朗,汉张骞出使西域时传入我国。我国核桃资源丰富,在我国云贵地区、西北地区、华北地区均有广泛种植。随着我国木本油料产业发展,近年来我国核桃种植面积及产量均居世界第一。

我国作为核桃生产大国,在种植面积、产量方面注重追求产量和出仁率,但在核桃栽培管理方面十分粗放,对核桃品质关注不足。这种粗放快速发展模式制约了我国核桃产业向更高层次发展。我国核桃总产量很大,但在国际贸易中出口量较小,联合国粮农组织(Food and Agriculture Organization of the United Nations, FAO)2015年统计数据显示,我国核桃出口量仅为美国出口量的20%左右。

我国地域辽阔,各地区生态环境、地形条件、气候条件差异很大,核桃种植覆盖北至东北地区,南至云贵地区,西至新疆地区,东至我国东部沿海。核桃种植的地域广泛性也带来核桃品质的多样性,这种品质的多样性必然给我国核桃产业的发展带来新的机遇和挑战。开展我国核桃质量安全监测工作,也将促进我国核桃产业向更高质量发展。

(三)枣

枣(*Ziziphus jujube* Mill.)别称枣子、大枣、刺枣、贯枣。鼠李科枣属植物,落叶小乔木,稀灌木,高达10余米,树皮褐色或灰褐色,叶柄长1~6 mm,或在长枝上的可达1 cm,无毛或有疏微毛,托叶刺纤细,后期常脱落。花黄绿色,两性,无毛,具短总花梗,单生或密集成腋生聚伞花序。核果矩圆形或是长卵圆形,长2~3.5 cm,直径1.5~2 cm,成熟后由红色变红紫色,中果皮肉质、厚、味甜。种子扁椭圆形,长约1 cm,宽约8 mm。生长于海拔1 700 m以下的山区、丘陵或平原。广为栽培。本种原产中国,亚洲、欧洲和美洲常有栽培。枣含有丰富的维生素C、维生素P,除供鲜食外,常可以制成蜜枣、红枣、熏枣、黑枣、酒枣、牙枣等蜜饯和果脯,还可以做枣泥、枣面、枣酒、枣醋等,为食品工业原料。

枣是我国特产果品之一,也是近年来发展最快的经济林产品之一。据统计,我国2004年枣栽培面积突破100万hm²,产量达到了201万t。枣果生产在我国经济林果中占有非常重要的地位,在很多地区已成为农业和农村的支柱产业与主导产业。枣果不仅含糖量高,矿物质含量和维生素含量也较高,而且含有多种功能因子,具有很高的营养价值和药用价值,是我国食品中具有明显比较优势和国际竞争力的保健食品。

中国是鲜枣产业第一大国,近年来,我国的大枣栽培面积和产量每年都在以10%以上的速度增长,一些发达国家进军我国枣产业特别是枣加工业的势头正在显现。从国内看,冀、鲁、晋、豫、陕五大传统产枣大省仍占据全国90%的栽培面积和产量,而且普遍增势强劲;新疆更是异军突起,正凭借其得天独厚的自然条件优势打造中国和世界上最大的优质干枣生产基地;另外,北方的贮藏加工和营销产业及南方的鲜食枣产业正在崛起。

近年来,我国随着农业结构调整和退耕还林政策的落实,枣树栽培面积迅速扩大,年产量逐年增加,贮藏加工设施和能力也有了明显提高。然而,由于环境污染的加剧和人们单纯地追求经济效益,使得枣果遭受的污染也越来越严重。枣果的生产、包装、贮藏、运输和加工等环节的安全,构成了枣果食品生产的安全体系。

(四)竹笋

竹笋(*Bamboo shoot*)是竹的幼芽,也称为笋。竹为多年生常绿禾本目植物,食用部分为初生、嫩肥、短壮的芽或鞭。竹原产中国,类型众多,适应性强,分布极广。在中国自古被当作"菜中珍品"。竹笋是中国传统佳肴,味香质脆,食用和栽培历史极为悠久。《诗经》中就有"加豆之实,笋菹鱼醢""其籁伊何,惟笋及蒲"等诗句,表明了人民食用竹笋有 2 500 年以至 3 000 年的历史。中医认为,竹笋味甘、微寒、无毒。在药用上具有清热化痰、益气和胃、治消渴、利水道、利膈爽胃等功效。竹笋还具有低脂肪、低糖、多纤维的特点,食用竹笋不仅能促进肠道蠕动、帮助消化、去积食、防便秘,而且有预防大肠癌的功效。

竹笋原产自中国,类型众多,适用性强,分布极广,我国是世界上产竹最多的国家,无论是竹子种类、面积和蓄积量,还是竹材、竹笋产量,都雄居世界首位。竹林面积 500 万 hm^2,笋用竹种有 50 种,年产竹笋 170 万 t。据《中国林业统计年鉴》统计,2014 年,我国竹笋(以干样计)的产量达 65.324 万 t,约是 2007 年全国竹笋干产量(52.986 万 t)的 1.23 倍。

第二节　经济林产品分类

一、板栗

根据板栗的种植分布,主要有以下品种,如表 1-1 所示。

表 1-1　板栗产品主要品种

序号	名称	产地与自然条件	主要特点
1	邢台板栗	邢台板栗的生产地位于邢台西部太行山。这里有着独厚的自然资源,是"太行山最绿的地方",远离污染,微酸性花岗片麻岩土质和温带大陆性季风气候,适宜板栗生长	颗粒饱满,色泽油亮,个大皮薄,果肉粉糯甘甜,富含优质碳水化合物、蛋白质、维生素和多种矿物质,营养价值极高,很适合做糖炒板栗(颗粒饱满,炒后易拨皮)、板栗粉、板栗仁(含糖量高)

续表 1-1

序号	名称	产地与自然条件	主要特点
2	青龙板栗(河北)	产自于河北省秦皇岛市青龙满族自治县,历史悠久。西汉司马迁在《史记》的"货殖列传"中就有"燕,秦千树栗……此京东板栗其人皆与千户侯等"的明确记载。青龙满族自治县之所以盛产这种优质板栗,与它的地理环境密不可分,青龙县地处山区,曾有"八山一水一分田"的美誉	个大皮薄,色泽鲜艳,果肉细腻,风味芳甘独特,营养成分居全国板栗之首
3	宽城板栗(河北)	产自河北省宽城。宽城地处燕山深处,海拔 300~400 m,全年平均气温为 8.6~9.2 ℃,年平均降水量 550~750 mm,土壤富含铁,光照充足,雨热同期,昼夜温差大,适宜板栗生长	色泽光亮,具有口感糯、软、甜、香的独特品质
4	丹东板栗(辽宁)	产于辽宁省丹东市,已有二三千年栽培历史,辽宁省栽培栗树始于明末清初	其果实个头大,色泽白,口感好,不裂瓣,易加工,综合价值高,可生食、糖炒、烘食,还可制罐头、磨粉制糕、调羹烹菜。含有糖、蛋白质、脂肪和多种维生素,营养和经济价值很高
5	燕山板栗	燕山板栗属于华北品种群,栽培历史悠久,具有香、甜、糯的独特风味,主要分布在燕山山脉的河北和北京辖区内。燕山板栗在中国的板栗生产中具有独特的地位,是中国传统的出口商品,享誉海内外	熟后栗壳呈红褐色,去壳后果实松、软、香、甜,为小吃珍品
6	镇安板栗	镇安板栗产于秦岭东段南麓,汉江支流,乾佑河中游。属于山地形,而板栗多生于低山丘陵缓坡及河滩地带。因此,镇安就成了板栗之乡	品种优良,颗粒肥大,栗仁丰满,色泽鲜艳,玲珑美观,涩皮易剥,肉质细腻,糯性较强,含糖量高,含水溶性总糖 13.58%、淀粉 51.88%、蛋白质 7.63%、脂肪 7.17%,还含有 17 种氨基酸、多种维生素及无机盐类,其中维生素 C 含量达 30.24 mg/100 g,以其个大、甜脆、含淀粉率高的独特之处,赢得了荣誉。早在明末清初,我国古都北京、长安(今西安)以及太原、洛阳等城市的商贩就打出了"镇安糖炒大板栗"的标签

续表 1-1

序号	名称	产地与自然条件	主要特点
7	罗田板栗	罗田板栗是湖北省罗田县特产,中国国家地理标志产品。罗田县位于大别山南麓,大别山主峰雄居境内,这里森林茂密,自然环境优美,是首批命名的全国板栗之乡	罗田板栗色、香、味俱佳,兼有南方板栗的香脆和北方板栗的甜糯,色泽亮丽,入口甘醇,营养丰富,生食、熟食皆宜,加工性尤其出众。果仁中含淀粉、蛋白质、脂肪、钙、磷、铁以及维生素 A、B、C、B_2 等物质,所含蛋白质比大米高 30%,脂肪比大米高 20 倍
8	迁西板栗	迁西板栗产于河北省唐山市迁西县一带,是河北省传统特色农产品,已有 2 000 多年的栽培历史,迁西县向南靠近渤海湾,境内河流众多,形成了以中低山、高丘为主的侵蚀地貌,山地主要由片麻岩组成。而且含有钾、钠、铝、磷、镁、铁、钙、硅、锰等植物特别是板栗生长所需的营养元素,磷、钙、镁、锰等养分含量均高于其他岩石,铁远高于肉红色伟晶岩,所以由其特殊的结构和发育形成的土壤养分含量高于其他地区,极适宜板栗生长	迁西板栗外形美观,底座小;果形端正均匀,平均每千克栗果 120~140 粒,大的每千克 80 粒;颜色呈红褐色,鲜艳有光泽,有浅薄蜡质层,皮薄,较其他地区的板栗硬、实,故有东方"珍珠"和"紫玉"之美称,宋代诗人晁公溯曾有"风陨栗房开紫玉"的诗句;果仁呈米黄色,易剥、不粘内皮。 经科学测定,迁西板栗果仁含水 52% 以下、蛋白质 4% 左右、碳水化合物 38% 以上、膳食纤维 2% 以上、维生素 E 40 mg/kg 以上、钙 150 mg/kg 以上、铁 4.5 mg/kg 以上、维生素 C 230 mg/kg 以上,还含有丰富的胡萝卜素及对人体有益的多种微量元素和氨基酸。主要有利于人体的指标均居全国各地板栗之首
9	郯城板栗	主要分布在沭河、沂河两岸的郯城、高峰头、红花、马头、胜利、新村等 10 多个乡(镇)。中华人民共和国成立前,全县曾有 2 万亩栗园,最高年产 100 万 kg。沭河沿岸在历史上就形成了几十华里的板栗村带。其中东庄、坝子两个自然村是集中产地,栗树多,收益大,素有金东庄、银坝子的美称	郯城板栗,分油栗、毛栗两大类型。其中郯城大油栗为最好,具有籽粒大(每千克 80 粒左右)、色泽油光发亮、肉质松、味香甜、糯性大等特点

续表 1-1

序号	名称	产地与自然条件	主要特点
10	信阳板栗	大别山区的河南信阳地处中国南北地理分界线上,为亚热带向暖温带过渡地带,气温温暖,光照充足,降水丰沛,四季分明,优越的自然条件适宜于多种动植物生长繁育,盛产水稻、小麦、油菜等农作物,有"鱼米之乡"的美誉,主要经济作物有茶叶、板栗、银杏、红黄麻,其中尤以板栗的历史最为悠久	信阳板栗年产量达数百万斤。具有个大、肉嫩、皮薄、味甜、色泽鲜艳、颗粒饱满等特点,罗山、商城两县出产的油栗,则个小、皮薄、肉厚,且香味独特,不易生虫,便于储运,颇受消费者青睐
11	邵店板栗	邵店镇位于苏北平原北端的新沂、沭阳、宿豫三县(市、区)交界处。西隔新沂河与宿豫区侍领镇相望,东和沭阳县颜集镇为邻,西、北分别与新沂市新店镇、王庄镇、时集镇接壤	具有籽粒大、色泽油光发亮、肉质松、味香甜、糯性大等特点
12	桐柏板栗	河南省桐柏县是千里淮河的发源地,地处淮河源头,属南北气候过渡带,山场面积广阔,为板栗适生区,板栗种植面积达25万亩,为中原著名的板栗之乡	桐柏县境内发现的原生态板栗林面积超过100亩,有野生板栗树几千株,树龄都在150年以上。桐柏县所产板栗具有皮薄、味甜、不易生虫等特点,颇受消费者青睐

二、核桃

世界上亚热带地区基本都有胡桃科植物分布,品种达数百种。中国核桃资源十分丰富,有核桃属植物8个种,其中广泛栽培的主要是普通核桃(J. regia L.)和铁核桃(J. sigillata L.)两个种,另外,还有山核桃(Carya cathayensis Sarg.)。在国内东北以秋子居多(野生),华北、西北也有分布。长期以来,我国劳动人民利用普通核桃和我国野生核桃资源,精心培育了许多优质核桃新品种。如按产地分类,有陈仓核桃、阳平核桃;按成熟期分类,有夏核桃、秋核桃;按果壳光滑程度分类,有光核桃、麻核桃;按果壳厚度分类,有薄壳核桃和厚壳核桃。棉核桃(主要的食用核桃)因人为广泛种植分布在北方大部,但品质好的在山西、河北、陕西、新疆等气候干燥的一带。麻核桃(介于野生和家养过渡期培育出的品种）主要产地在华北,用途基本供文玩使用。铁核桃分布在南方大部,绝大多数野生,皮厚,无食用价值,但经人工改良出现了云南"纸皮核桃"等可食用的品种,其根源是铁核桃。另外,南方江浙、湖南、湖北一带还有胡桃分布,当地人叫"山核桃"或"小核桃",如临安小核桃。

（1）核桃组:核桃、铁核桃。

铁核桃属胡桃科。落叶乔木,树高 10～20 m,寿命可达百年以上。分布于中国西南等地。果实的外壳坚硬,可用来制作各种美观耐久的工艺品;有的地方还挑选个大形奇的铁核桃做健身球用。

（2）核桃楸组:核桃楸、野核桃、麻核桃、吉宝核桃、心形核桃。

核桃楸（学名:Juglans mandshurica Maxim）为一种雌雄异型异熟物种,乔木,高达 20 余米;枝条扩展,树冠扁圆形;树皮灰色,具浅纵裂;幼枝被有短茸毛。奇数羽状复叶生于萌发条上者长可达 80 cm,叶柄长 9～14 cm,小叶 15～23 枚,长 6～17 cm,宽 2～7 cm;分布区地处温带,局部地区可伸入亚热带北缘。喜欢凉爽干燥气候,耐寒,能耐-40 ℃严寒。核桃楸树干通直,树冠宽卵形,枝叶茂密,可栽作庭荫树。孤植、丛植于草坪,或列植路边均合适。本种为东北地区优良珍贵用材树种;种仁可食或榨油,又为重要滋补中药。此外,在北方地区常做嫁接胡桃的砧木。

（3）黑核桃组:黑核桃。

黑核桃分布于美国及拉丁美洲,包括 16 个树种,我国已引入部分树种,其中有东部黑核桃（J.nigia）、北加州黑核桃（J.hindsii）、魁核桃（J.major）和小果黑核桃（J.microcarpa）。

（4）山核桃（Carya cathayensis Sarg.）,又名核桃楸、胡桃楸。

山核桃（Carya cathayensis Sarg.）,又名小核桃、山哈（浙江）,核桃、野漆树（安徽）。是一种落叶乔木,属胡桃科山核桃属,高达 10～20 m,胸径 30～60 cm;树皮平滑,灰白色,光滑;小枝细瘦,新枝密被盾状着生的橙黄色腺体,后来腺体逐渐稀疏,1 年生枝紫灰色,上端常被有稀疏的短柔毛,皮孔圆形,稀疏。山核桃的果实由于具有极高的营养价值和独特的口感风味,得到了消费者的认可,逐渐成为一种广受欢迎的高档坚果。中国为原产地之一,适生于山麓疏林中或腐殖质丰富的山谷。

我国各地还有许多优良的核桃品种,如河北的"核原力核桃",其特点为纹细、皮薄、口味香甜,出仁率在 85% 左右,出油率高达 80%。另有新疆库车一带的纸皮核桃,维吾尔族人叫它"克克依",意思就是壳薄,含油量达 75%。这一品种结果快,群众形容它"一年种,二年长,三年核桃挂满筐"。山西汾阳、孝义等地核桃以皮薄、仁满、肉质细腻著称。陕西秦岭一带的核桃皮薄如鸡蛋壳,俗称"鸡蛋皮核桃"。最好的品种"绵核桃",皮薄肉厚,两个核桃握在手里,稍稍用劲一捏,核桃皮就碎了。此外,杭州出产的小胡桃,做出椒盐五香核桃,也很受南方人欢迎。

三、大枣

我国是世界枣原产地和主产国。枣既可用作鲜果食用,又可制干和制蜜饯,营养丰富,是最重要的干果兼水果类食品。枣树资源极丰富,适栽区很广,适应性强。北迄辽宁、甘肃,南至福建、广西,均有栽培,生产上划分为北方枣和南方枣两大品种群。北方枣以制干和鲜食为主,南方枣以加工蜜枣为主。近来,国内外市场对鲜枣、干枣的需求量增长很快,尤其是晚熟、大果、良种鲜枣销量很大。国际市场 1 t 鲜枣售价相当于 30 t 苹果,国内市场的枣价比苹果高 5~10 倍,这极大刺激了枣产业的加速发展。据中央关于调整果业结构的部署,东、中部产区(鲁、冀、晋、豫等)应把枣产业作为外向型和特色果业,发展名优特新品种,压缩部分苹果、梨、桃的种植面积;西部产区(陕、甘)可把枣树作为退耕还林、水土保持的果树和经济林,压缩部分苹果、梨、桃的种植面积,加大枣的开发力度。

枣的品种繁多,大小不一,比较著名的有山东乐陵的"金丝小枣";新疆的"和田枣""哈密大枣";江苏泗洪的"泗洪大枣",无核,含糖量高,掰断可拉出丝;河北黄骅的"冬枣",甜脆适合鲜食,在冬春上市;山西的"大枣",果大,制干可制"脆枣";浙江的"义乌大枣"等。

我国枣产区分为南方枣区和北方枣区。鲜食品种在南方枣区主要分布于湖南、湖北、安徽、江苏、浙江等 5 个省;北方枣区是我国鲜食枣的主要分布区,按照宁甘新、陕晋、河南、冀鲁、辽宁 5 个区域来看,冀鲁、陕晋 2 个区域的鲜枣品种规模最大,并且著名的品种也较多;宁甘新枣区的优良鲜食枣品种少,但有一定的发展潜力;河南枣区规模化生产的品种不多;辽宁枣区的优良鲜食枣品种最少。

现介绍几个有价值的特色枣新优品种。

(1)沾化冬枣(黄骅冬枣、冬枣、冻枣、苹果枣、冰糖枣)。主产地鲁西北沾化、无棣,冀东南黄骅、沧州等。果近圆形,单果重 10.7~14 g,果肉细嫩多汁,浓甜,鲜枣含糖量 40%~42%,可食率 96.9%,核小,质极优。鲜食为主。成熟期 10 月上旬。适栽区鲁西北、冀东南、陕西渭北灌区。

(2)早脆王。2000 年经省级鉴定命名的新品种。主产地河北沧州。果特大,单果重 30.9 g,卵圆形,酸甜多汁,脆嫩爽口,清香,果肉厚,可食率 96.7%,鲜枣含糖量 39.6%,品质极佳。早熟、抗旱、耐涝、抗盐碱。成熟期 9 月上旬。适栽区冀东南、鲁西北。

(3)绥德木枣(油枣、方木枣)。主产地陕北榆林地区。果圆柱形,单果重 15 g,肉厚、硬,汁少、甜。含糖量鲜枣为 26%,干枣为 74.9%,核小,制干良种。适应性强。成熟期 9 月中旬。适栽区陕北黄河沿岸峡谷的土石山区。

(4)赞皇大枣(长枣、金丝大枣)。主产地鲁西南、太行山区。果长圆形,单果重 17.5 g,果肉致密,汁少,味甜,干枣含糖量 62.6%,核较大,鲜食、制干兼用种。适应性强。成熟期 9 月下旬。适栽区很广。在陕北黄河沿岸表现好。可作为冀西南、陕北主栽种。

(5)新金丝 4 号。从金丝新 2 号实生苗中选出。是著名的传统良种金丝小枣的优选后代。果近长筒形,两端平。单果重 10~12 g,鲜枣含糖量 40%~45%,果小,味极甜,质极上。可食率 97.3%,制干率高达 55%左右,核小,结果早。成熟期 9 月底。鲜食、制干兼用种。适栽区鲁西北、冀东南、鲁中南等。

(6)晋枣(吊枣)。主产地陕西渭北泾河两岸。果圆柱或长卵圆形。单果重 34 g,果肉酥脆,汁中多,很甜,含糖量鲜枣为 28%,干枣为 82.4%。核小,细长。干制为主。是适应性强的传统名品。成熟期 9 月下旬。适栽区广。为陕西渭北旱塬区主栽种。

(7)梨枣(大铃枣、山西梨枣)。主产地鲁西北乐陵、庆云,冀东南黄骅,晋南运城、临猗等。果中大,梨形。单果重 16.5 g,可食率 95.8%,鲜枣含糖量 30%~33%,甜,汁中多,果核较大。鲜食为主。注意需配授粉树。适宜在有灌溉条件地区栽植。成熟期 9 月上中旬。适栽区鲁西北、冀东南、晋南、陕西渭北旱塬区。

(8)灰枣。主产地河南中部郑州、新郑等。果长椭圆形,单果重 10 g,果肉较紧。含糖量鲜枣为 30%、干枣为 85.3%。果小而甜,核较大。制干良种。属老品种中适应性较强的优质者。成熟期 9 月中下旬。适栽区豫、苏北、浙西等。

(9)义乌大枣。南方枣品种群的代表性良种。主产地浙江中南部义乌、东阳等。加工蜜枣的名品。果形圆筒状,单果重 16.6 g,果肉松脆,汁少,味较淡。成熟期 8 月中旬。适栽区浙江中南部。南方枣分布较零散,著名的良种还有苏南的小铃枣、皖东南的繁昌长枣、浙西的淳安大枣、鄂北的秤锤枣(随县大枣)、桂东北的灌阳长枣等。

(10)七月鲜。果实卵圆形,果面平整,平均单果重 29.8 g,最大 74.1 g。

果个均匀,果皮薄,深红色,表面蜡质较少。可溶性固形物含量 28.9%,可食率 98.8%。鲜枣味甜,肉质细,极宜鲜食,8 月下旬红熟,比梨枣早上市 20~30 天,克服了梨枣采前落果严重,未红先蔫的缺点。该品种抗旱性强,丰产稳产,是极为可贵的极早熟优良鲜食品种。

(11)鸡蛋枣。果实特大,近圆形,平均单果重 30 g,最大 50 g。果实大小均匀,果皮厚,深红色。鲜枣可溶性固形物含量 31%~35%,可食率 97%。果肉质细,酥脆多汁,香甜可口。9 月中下旬开始成熟,成熟期遇雨不易裂果,耐贮藏,是优良的鲜食、制干、蜜饯兼用品种,旱台地和水地均可栽培。

(12)秦枣 1 号。果实果柱形,平均单果重 18.8 g,最大 40 g,最优的制干品种。10 月上中旬成熟,丰产稳产。可溶性固形物含量 33%,制干红枣具有肉厚、味甜、个大、售价高等特点。在雨季之后成熟,具有良好的抗裂果性能,无采前落果现象,适宜在土层深厚、土壤肥沃的缓坡地栽培。

四、竹笋

中国优良的笋主要竹种有长江中下游的毛竹(Phyllostachys pubescen Maze),产于贵州遵义的紫竹、方竹、刺竹、楠竹、金竹、斑竹、茨竹、水竹等,产于江西、安徽南部、浙江等地区的早竹(P. Praecox C. D. Chu et C. S. Chao),以及珠江流域、福建、台湾等地的麻竹(Sinocalamus latiflorus McClure)和绿竹(S. oldhami McClure)等。

可食竹笋可按产地、笋的形状、笋箨的特点、笋肉的特征及风味分为不同的类别。具体如表 1-2 所示。

表 1-2　竹笋分类

序号	品种	主要产地	特点
1	尖头青的竹笋	浙江	笋形呈圆锥形;笋箨泥土下部呈淡黄白色,出土后绿色,笋肉白色;可食部分占 53%,质脆、味甜
2	白哺鸡竹的竹笋	浙江、江苏	笋形锥形,略修长;笋箨淡黄白色,有稀疏的褐色斑点至斑块;笋肉白色,占笋体的 58.2%,质脆、水分多、味甜
3	角竹的竹笋	村边路旁、庭园	笋形呈圆锥形,先端钝尖;笋箨绿色带红褐色,被酱色斑点与脱落性疏毛,有白粉,边缘秃净无毛;笋肉白色,可食部分有 52%,肉质脆,含水量中等,味淡

续表 1-2

序号	品种	主要产地	特点
4	花哺鸡竹的竹笋	浙江、江苏	笋形锥形,稍显肥壮;笋箨淡红色至淡黄稍带紫色,先端紫褐色小点密集成云状,光滑无毛;笋肉黄白色,可食部分58.1%,质脆,味稍甜,含水分中等,食味好
5	红哺鸡竹的竹笋	浙江、江苏	笋箨成锥形,略修长,先端较尖;笋箨淡红褐色,出土后为紫红色或红褐色;笋肉黄白至白色,可食部分56%,质脆,味甜
6	白夹竹的竹笋	广东、广西	笋锥形;笋箨青灰色,基部带红褐色,边缘被睫毛;笋肉细致、质脆、味甜
7	石竹的竹笋	浙江天目山区和台湾中北部	笋较细长;笋箨淡紫褐色或淡红褐色,具紫色斑块,被白粉;笋肉白色,可食部分56%,肉质略硬厚,含水分较少,味道鲜美
8	早竹的竹笋	江苏、浙江、安徽、湖北、四川	笋呈圆锥形,先端尖至钝尖,基部圆钝;笋壳墨绿色或褐绿色,底上有深褐色或黑褐色斑点及斑块,无毛;笋肉白色略带淡黄,笋体可食部分62.6%,肉质脆,味甜,含水量大
9	雷竹的竹笋	长江以南各省	笋呈圆锥形,先端尖至钝尖,基部圆钝;笋箨的形态与早竹笋类似,呈米黄色或紫褐色,比早竹笋略淡;笋肉白色,笋体可食部分约63.0%;笋肉质脆,味甘,含水量高
10	高竹节的竹笋	缓坡、山脚或庭园	笋形呈锥形;笋箨上下部分黄白色,有明显淡红色脉纹;笋肉白色,节腔化明显,可食部分58%,质脆、味鲜
11	毛竹的竹笋	长江以南各省区	笋体呈圆锥形,基肥大;未出土的笋箨淡黄而带赤色斑点,表面密生茸毛;笋肉白色,笋体可食部分54.6%,肉质脆,食味中等,冬笋脆甜,春笋有苦味
12	刚竹的竹笋	江苏南部和浙江、长江流域各省	笋呈圆锥形,先端渐尖,基部膨大圆钝;笋箨淡乳黄色或淡绿色,具绿色脉纹,有淡棕色至褐色斑点或小点;笋肉白色,可食部分48%,笋味略苦
13	乌哺鸡竹的竹笋	江苏、浙江	未出土的箨为淡红白色,斑点少;出土箨褐色,密布黑褐色斑点至斑块;笋肉白至黄白色,笋体可食部分59%,肉味好,含水量高

续表 1-2

序号	品种	主要产地	特点
14	吊丝球竹的竹笋	广东	笋锥形,先端尖细,长约 30 cm;笋壳青黄色,革质,背面具纵肋,且贴身不均匀的深棕色小刺毛;笋肉质滑,无苦味,品质优
15	大头典型的竹笋	广东、广西	笋体弯曲呈锥形,笋头大,先端钝;笋箨浅黄色,出土部分见阳光后呈墨绿色,且墨绿色花纹稍大,茸毛多;笋肉黄白色,节间分化不明显,近于实心,可食部分 50%,含水量高,笋略具苦味
16	麻竹的竹笋	福建、广东、广西、贵州、云南等南方各省	笋体呈圆锥形,先端尖;笋箨呈三角形,质硬呈软骨质,未见阳光时淡黄色,表面有微细茸毛,见阳光后转黄绿色而有暗紫色的细毛,但易脱落;笋肉淡黄色,节腔分化不明显,近乎实心,可食部分 59%,笋肉鲜嫩,但较马蹄笋稍粗,含水量大
17	六月麻竹的竹笋	浙江南部、福建、台湾等省	笋形锥形;笋箨黄白色,出土见光后为绿色略带红色,基部带褐色,表面初具刺毛,早落;笋肉白色,近实心,可食部分 57.3%,笋肉质脆,水分多,笋味好
18	绿竹的竹笋	浙江南部、福建、台湾、广东、广西	形状弯曲,呈船状纺锤体,笋节靠近母竹者内向较短,而背向母竹者较长,切割处平面形似马蹄;笋箨呈广三角形,坚硬而脆,顶端截形、黄色,见光后变为绿色,光滑无毛,边缘有茸毛;笋肉节腔化不明显,近实心,可食部分 56%,笋肉质地柔软,纤维较少,味鲜美
19	吊丝单竹的竹笋	广东、广西	笋呈锥形,先端尖;笋箨青黄色,被茸毛,箨耳较小,长椭圆形;笋肉近实心,水分含量较高,肉质嫩滑,无苦味
20	鱼肚腩竹的竹笋	平原地区	笋呈稍弯曲的锥形,先端尖;笋箨青绿色,被茸毛,箨耳较小,略不相等箨舌平截形,矮小,箨片卵状三角形
21	瓦山方竹的竹笋	多数处于野生状态	笋细长;笋箨为紫褐色,条纹明显,基部略为红棕色,笋鞘缘具纤毛,鞘背面有褐色刺毛;笋肉淡黄色,笋壁厚 0.5 cm,节间长 1 cm,可食部分 44.6%,笋肉质脆,含水分多,笋味淡

第二章　特色经济林产品质量状况及现行标准

第一节　核桃质量状况

我国核桃资源丰富,栽培历史悠久,在我国云贵地区、西北地区、华北地区均有广泛种植。随着我国木本油料产业发展,近年来核桃种植面积及产量均居世界第一。

一、产品基本情况介绍

(一)定义

核桃(*Juglans. regia* L.),又称胡桃、羌桃,为胡桃科植物,与扁桃、腰果、榛子并称为世界著名的"四大干果"。核桃是深受老百姓喜爱的坚果类食品之一,被誉为"万岁子""长寿果"。图 2-1 为核桃产品。

图 2-1　核桃

(二)核桃加工

我国核桃产品消费大部分属于粗加工或直接食用,产品以核桃仁为主。核桃成熟后主要经采收、脱青皮、晾晒等处理,制成初级核桃产品,加工过程如图 2-2 所示。

图 2-2 核桃产品加工过程

（三）核桃的品种

中国核桃资源十分丰富,有核桃属植物 8 个种,其中广泛栽培的主要是普通核桃(*J. regia* L.)和铁核桃(*J. sigillata* L.)两个种,另外,还有山核桃(Carya cathayensis Sarg.)。

（1）核桃组:核桃、铁核桃。

（2）核桃楸组:核桃楸、野核桃、麻核桃、吉宝核桃、心形核桃。

（3）黑核桃组:黑核桃。

（4）山核桃(Carya cathayensis Sarg.),又名核桃楸、胡桃楸。

（四）核桃的主要价值

1.营养价值

核桃营养价值丰富,有"万岁子""长寿果""养生之宝"的美誉。核桃中86%的脂肪是不饱和脂肪酸,核桃富含铜、镁、钾、维生素 B_6、叶酸和维生素 B_1,也含有纤维、磷、烟酸、铁、维生素 B_2 和泛酸。每 50 g 核桃中,水分占3.6%,另含蛋白质 7.2 g、脂肪 31 g 和碳水化合物 9.2 g。

2.药用价值

核桃味甘、性平,温,无毒,微苦,微涩。可补肾、固精强腰、温肺定喘、润肠通便。

3.食疗价值

核桃中富含丰富的 ω-3 脂肪酸,可以减少患抑郁症概率;每天食用核桃,减少患乳腺癌和肿瘤的概率;核桃中的不饱和脂肪有益于胰岛素分解,使女性患 2 型糖尿病的风险减少近30%;核桃中的核桃油具有减除血液静压的作用;核桃黑发,秋冬季是吃核桃的最佳时节。

二、产量情况

（一）全国总产量

自 2006 年起,我国核桃产量逐年上升,2014 年我国核桃总产量达到271.4 万 t(见图 2-3),云南、新疆、四川、陕西、河北、山西、河南、山东、甘肃年产量均超过 10 万 t,9 个省份总产量占全国总产量的 87.6%。目前,核桃已成为我国可食林产品中产量最大的坚果。

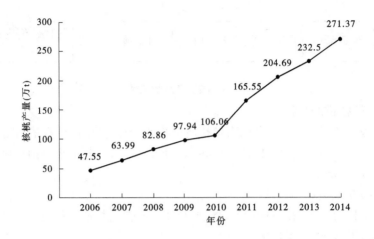

图 2-3　2006~2014 年我国核桃年产量变化趋势

(二)各地区核桃产量

目前,我国核桃种植主要集中在西南、西北、华北和华中地区,华东地区的山东也有一定的种植面积,2014 年,西南、西北、华北和华中地区的核桃产量分别占全国核桃总产量的 42%、29%、11%和 8%(见图 2-4)。

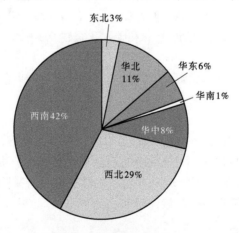

图 2-4　我国不同区域核桃产品产量占比

西南地区是我国核桃产量最大的地区,其中云南、四川和贵州省为主要生产大省。2014 年云南省核桃产量 78.66 万 t,位居全国第一(见表 2-1),且根据往年统计数据,云南省已连续 5 年位居全国第一。

西北地区的核桃产业主要集中于新疆、陕西和甘肃三个省份。2014 年新疆省核桃产量 49.89 万 t,陕西省核桃产量 18.51 万 t,分别位列全国第二和第四(见表2-1)。

华北地区的核桃产业主要集中于河北省,2014年,河北核桃产量16.06万t,是全国核桃产量第五大省。

表2-1　2014年我国核桃产量排名前十省

序号	所属地区	省份	产量(万t)	占总产量的百分比(%)
1	西南	云南	78.658 0	28.99
2	西北	新疆	49.890 2	18.38
3	西南	四川	29.375 0	10.82
4	西北	陕西	18.508 7	6.82
5	华北	河北	16.063 2	5.92
6	华北	山西	12.025 9	4.43
7	华中	河南	11.556 7	4.26
8	华东	山东	11.481 9	4.23
9	西北	甘肃	10.291 1	3.79
10	华中	湖北	9.424 10	3.47
总计			247.274 8	91.12

三、核桃相关标准情况

目前,国内对核桃品质主要参数包括外表感官评价、粗脂肪含量、粗蛋白含量、脂肪酸种类及含量以及核桃中化学污染物(重金属、农药残留和毒素)安全评价等方面。已经颁布实施的核桃相关标准有12项(见表2-2),其中,国家强制性标准3项、国家推荐标准3项、行业标准2项、其他标准4项。

《核桃坚果质量等级》(GB/T 20398—2006)中对核桃坚果的优种核桃、实生核桃的产品分级指标、卫生指标和感官指标都进行了规定;《核桃油》(GB/T 22327—2008)中对核桃油色泽、折光指数、水分、挥发物、酸价、碘值、皂化值、过氧化值、脂肪酸组成等核桃油特征指标及质量指标做出了规定;《进出口核桃检验规程》(SN/T 0881—2000)中只对进出口核桃仁色泽、仁粒形状、完整度、气味、杂质等指标做出了规定;《山核桃产品质量要求》(LY/T 1768—2008)中仅对山核桃瘪子率、果径、水分、色泽、形态、口味等理化或感官指标以及酸价、过氧化值、农药、重金属残留等卫生指标做出了相应规定;DB 13/T 1203—2010和《地理标志产品标准》(DB 52/T 934—2014)中在核桃品质方面也只规定了其感官、出仁率、出油率、蛋白质含量等指标;《植物蛋白饮料核桃露(乳)》(GB/T 31325—2014)中理化指标对蛋白质、脂肪、油酸、亚油酸、亚麻酸、花生酸、山嵛酸等含量做出了规定;另外,《食品安全国家标准 食品中污染物限量》(GB 2762—2012)、《食品安全国家标准 食品中农药最大残留限量》(GB 2763—2016)、《森林食品质量安全通则》(LY/T 1777—2008)、《食品安全国家标准 坚果与籽类食品》(GB 19300—2014)中也对核桃等坚果中铅、镉、铬、砷、汞等重金属及多种农药规定了限量值。

国家林业局对核桃产品质量安全监测的指标为重金属类(砷、铅、镉)和农药残留类(敌敌畏、乐果、杀螟硫磷、倍硫磷、辛硫磷、敌百虫、乙酰甲胺磷、毒死蜱、氯氟氰菊酯、腈苯唑、氯氰菊酯、亚胺硫磷、氯丹)。砷的检测依据为GB/T 5009.11—2003,铅的检测依据为 GB 5009.12—2010,镉的检测依据为GB/T 5009.15—2003;敌敌畏、乐果、杀螟硫磷、倍硫磷、辛硫磷、敌百虫、乙酰甲胺磷、毒死蜱、氯氟氰菊酯的检测依据为 NY/T 761—2008;腈苯唑的检测依据为 GB/T 19649—2006;氯氰菊酯的检测依据为 GB/T 5009.146—2008;亚胺硫磷的检测依据为 GB/T 19648—2006;氯丹的检测依据为 GB/T 5009.19—2008。核桃质量安全的判定依据为《食品安全国家标准 食品中污染物限量》(GB 2762—2012)、《食品安全国家标准 食品中农药最大残留限量》(GB 2763—2012)、《森林食品质量安全通则》(LY/T 1777—2008)。

表 2-2　我国已颁布并实施的核桃相关标准

序号	标准编号	标准名称	发布部门	实施日期 (年-月-日)
1	GB/T 20398—2006	核桃坚果质量等级	国家质量监督检验检疫总局、中国国家标准化管理委员会	2006-11-01
2	GB 2762—2012	食品安全国家标准 食品中污染物限量	国家卫生部	2013-06-01
3	GB 2763—2016	食品安全国家标准 食品中农药最大残留限量	国家卫生和计划生育委员会、国家农业部、国家食品药品监督管理总局	2017-06-18

续表2-2

序号	标准编号	标准名称	发布部门	实施日期 (年-月-日)
4	GB 19300—2014	食品安全国家标准 坚果与籽类食品	国家卫生和 计划生育委员会	2015-05-24
5	GB/T 22327—2008	核桃油	国家质量监督 检验检疫总局、 中国国家标准化 管理委员会	2008-12-01
6	GB/T 31325—2014	植物蛋白饮料 核桃露(乳)	国家质量监督 检验检疫总局、 中国国家标准化 管理委员会	2015-12-01
7	LY/T 1768—2008	山核桃产品质量要求	国家林业局	2008-12-01
8	LY/T 1777—2008	森林食品 质量安全通则	国家林业局	2008-12-01
9	SN/T 0880—2000	进出口核桃检验规程	国家出入境检验总局	2000-11-01
10	SN/T 0881—2000	进出口核桃仁 检验规程	国家出入境检验总局	2000-11-01
11	SNT 1577—2005	进出境核桃仁 检疫操作规程	国家质量监督 检验检疫总局	2005-12-01
12	SNT 3272.3—2012	出境干果检疫规程 第3部分:山核桃	国家质量监督 检验检疫总局	2013-05-01

四、我国核桃产品质量安全情况

(一)总体产品合格率

2011年至今,我国先后对核桃产品质量进行5次行业监测。2011~2016年核桃产品监测合格率总体呈现上升的趋势(见图2-5),其中2015年产品合格率最高,为99.8%(见表2-3)。

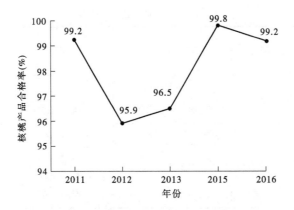

图 2-5　2011~2016 年核桃产品监测合格率变化趋势

表 2-3　2011~2016 年我国核桃产品监测合格率

抽查时间	抽查批次(批次)	产品合格率(%)
2011 年行业监测	500	99.2
2012 年行业监测	611	95.9
2013 年行业监测	344	96.5
2015 年行业监测	470	99.8
2016 年行业监测	365	99.2

(二)各地区核桃产品合格率

2011~2016 年我国大部分区域核桃产品合格率总体呈现上升趋势,个别区域产品合格率波动较大(见表 2-4、图 2-6)。

华北地区中,2011~2016 年河北省和山西省核桃产品合格率较高,近年合格率达 100%,产品质量较稳定。

华东地区中,2011~2016 年核桃产品质量检测工作主要集中在山东省和浙江省。其中,山东省核桃产品合格率均达到 100%;浙江省核桃(山核桃)产品的合格率相对较低,主要是重金属铅的超标。

西南地区中,云南省和四川省是我国核桃生产大省,监测核桃样品合格率保持在 95%以上;贵州省核桃样品的合格率接近 100%。

西北地区中,2011~2016 年核桃产品质量检测工作主要集中在陕西、甘肃和新疆。新疆作为我国核桃产量第二大省,2015 年和 2016 年核桃样品监测合格率都为 100%。

表 2-4 2011~2016 年我国各地区核桃产品监测合格率

地区/省份		2011 年	2012 年	2013 年	2015 年	2016 年
华北	河北	99	100	100	100	100
	山西	—	100	—	—	—
华东	浙江	—	73.8	88.3	—	—
	山东	100	—	100	100	100
华中	河南	—	100	100	100	100
	湖北	—	—	—	—	100
华南	广西	—	—	—	—	100
西南	四川	99	100		98	95
	贵州	99	100	100	100	—
	云南	99	100	100	100	—
西北	陕西	—	97.5	90.2	100	100
	甘肃	—	96.1		100	100
	新疆	—	—	—	100	100

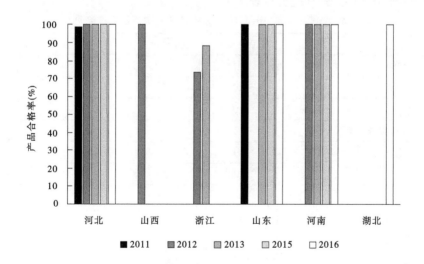

（a）华北、华东和华中地区

图 2-6 2011~2016 年我国各地区核桃产品合格率

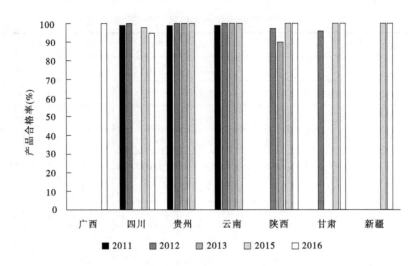

（b）华南、西南和西北地区

续图 2-6

（三）核桃中不同监测项目合格率

2011~2016 年,我国核桃产品主要不合格项目为重金属铅,2012 年重金属铅的合格率最低为 96.2%。有机磷类农药和有机氯类农药合格率总体较高,其合格率均达 99% 以上(见表 2-5)。

表 2-5　2011~2016 年我国核桃产品监测项目合格率

检验项目	2011 年	2012 年	2013 年	2015 年	2016 年
砷	100	100	100	—	—
铅	99.8	96.2	96.5	99.8	99.2
镉	99.6	99.7	100	100	100
敌敌畏	100	100	100	—	—
乐果	100	100	100	—	—
杀螟硫磷	100	100	100	—	—
倍硫磷	100	100	100	—	—
辛硫磷	100	100	—	—	—
敌百虫	100	100	100	—	—
乙酰甲胺磷	99.8	100	100	—	—
毒死蜱	100	100	100	—	—
腈苯唑	—	—	—	100	100

续表 2-5

检验项目	2011 年	2012 年	2013 年	2015 年	2016 年
氯氟氰菊酯	—	—	—	100	100
氯氰菊酯	—	—	—	100	100
溴氰菊酯	—	—	—	—	100
亚胺硫磷	—	—	—	100	—
氯丹	—	—	—	100	—

第二节　枣质量状况

一、产品基本情况介绍

(一)定义

枣,又名红枣,属于被子植物门、双子叶植物纲鼠李目、鼠李科、枣属的植物。图 2-7 为鲜枣图片。

图 2-7　鲜枣

(二)枣加工

我国枣果产品以干食为主,鲜食枣品种也迅速发展起来。加工方面,目前我国枣果加工以小企业和家庭作坊为主,加工品主要是干枣以及蜜枣、酒枣和枣罐头等,枣汁、枣酒、枣醋和枣多糖等深加工产品较少。

(三)品种结构

枣的品种繁多,大小不一,比较出名的有山东乐陵的金丝小枣;新疆和田枣、哈密大枣;江苏泗洪的泗洪大枣,无核,含糖量高,掰断可拉出丝;河北黄骅的冬枣,甜脆适合鲜食,在冬春上市;山西的大枣,果大,干制可制脆枣;浙江的义乌大枣等。

(四)营养价值

枣果实不仅营养丰富、味道甘美,同时又为补中益气、养血安神、缓和药性的常用中药,是集营养与医疗保健于一体的优质滋补品。干枣总糖含量为51.4%~66.5%,粗蛋白含量2.28%~3.78%,粗纤维含量1.95%~3.10%,粗脂肪含量0.6%~1.4%;枣果实中含有多种维生素,维生素 C 平均含量为每百克8.7 mg,鲜枣中维生素 C 含量更高,约为 250 mg,个别品种含量更是高达800~900 mg,其他维生素含量依次为维生素 A 15.47 IU、维生素 E 3.83 IU、维生素 B_1 0.17 mg、维生素 B_2 0.35 mg,均以百克计。

二、产量情况

(一)全国总产量

自 2007 年起,我国枣(干)产量逐年上升,至 2014 年后有所回落(见图 2-8)。2013 年枣(干)产量最高,为 431.56 万 t,比 2012 年增加 17.65%,约为 2007 年产量的 3.53 倍。2014 年我国枣(干)产量同比减少 3.2%。

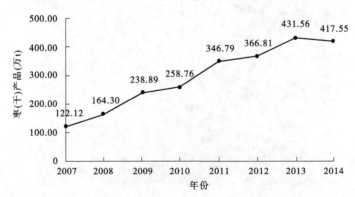

图 2-8　2007~2014 年我国枣(干)产品年产量变化趋势

(二)枣各地区产量

我国枣生产区主要集中在新疆、河北、陕西、山东、山西、辽宁、甘肃等省份

（见图 2-9、表 2-6），2014 年这 7 个省份枣年产量占全国总产量的 92.68%。居
全国枣产量最大的新疆 2014 年达到 199.3 万 t，占全国总产量的 47.7%（见表
2-6）。河北枣产量位居全国第二，2014 年产量达到 52.5 万 t，占全国总产量的
12.6%。陕西省 2014 年枣产量仅次于河北省，达到 42.1 万 t，占全国总产量的
10.1%。山东、山西、辽宁等省份枣年产量也均达到 20 万 t 以上，占全国总产
量的 5.4%~6.8%。甘肃、河南 2014 年枣产量达到 12.6 万~15.2 万 t，占全国
总产量的 3.0%~3.6%。河南枣产量近几年有所下降，2011~2012 年间河南枣
产量在 20 万 t 左右，2013~2014 年全省枣产量在 10 万 t 左右。

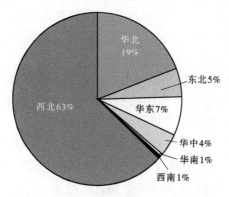

图 2-9 我国不同区域枣（干）产量占比

表 2-6 2014 年我国枣（干）产量排名前十省

序号	所属地区	省份	产量（万 t）	占总产量的百分比（%）
1	西北	新疆	199.33	47.74
2	华北	河北	52.51	12.58
3	西北	陕西	42.13	10.09
4	华东	山东	28.29	6.78
5	华北	山西	26.9	6.46
6	东北	辽宁	22.6	5.42
7	西北	甘肃	15.17	3.63
8	华中	河南	12.55	3.01
9	西北	宁夏	6.54	1.57
10	华中	湖北	3.17	0.76
	总计	—	409.27	98.02

三、枣相关标准情况

目前,已经颁布实施的枣相关标准有 20 项(见表 2-7),其中,国家强制性标准 2 项、国家推荐标准 8 项、其他标准 10 项。

《鲜枣质量等级》(GB/T 22345—2008)是国家质量监督检验检疫总局2008 年 9 月 2 日发布并于 2009 年 3 月 1 日正式实施的关于鲜枣质量等级划定标准,此标准规定了鲜枣的定义、要求、检验方法、检验规则、标志、标签、包装、运输和贮存。

《干制红枣》(GB/T 5835—2009)对干制红枣的相关术语和定义、分类、技术要求、检验方法、检验规则、包装、标志、标签、运输和贮存做了规定,适用于干制红枣外观质量分级、检验、包装和贮运。

《食品安全国家标准 食品中污染物限量》(GB 2762—2012)、《食品安全国家标准 食品中农药最大残留限量》(GB 2763—2016)对枣中铅、镉、铬、砷、汞等重金属及多种农药规定了限量值。

另外,标准 GB/T 18740—2008、GB/T 18846—2008、GB/T 22741—2008和 GB/T 23401—2009 分别对四个红枣地理标志产品的术语和定义、地理标志产品保护范围、要求、检验方法等做了相关规定。

表 2-7　我国已颁布并实施的枣相关标准

序号	标准编号	标准名称	发布部门	实施日期 (年-月-日)
1	GB/T 22345—2008	鲜枣质量等级	国家质量监督检验检疫总局 中国国家标准化管理委员会	2009-03-01
2	GB/T 5835—2009	干制红枣	国家质量监督检验检疫总局 中国国家标准化管理委员会	2009-08-01
3	GB/Z 26579—2011	冬枣生产 技术规范	国家质量监督检验检疫总局 中国国家标准化管理委员会	2011-11-15
4	GB/T 26908—2011	枣贮藏技术规程	国家质量监督检验检疫总局 中国国家标准化管理委员会	2011-12-01
5	GB/T 32714—2016	冬枣	国家质量监督检验检疫总局 中国国家标准化管理委员会	2016-10-01
6	GB/T 18740—2008	地理标志产品 黄骅冬枣	国家质量监督检验检疫总局 中国国家标准化管理委员会	2008-10-01

续表 2-7

序号	标准编号	标准名称	发布部门	实施日期（年-月-日）
7	GB/T 18846—2008	地理标志产品沾化冬枣	国家质量监督检验检疫总局 中国国家标准化管理委员会	2008-12-01
8	GB/T 22741—2008	地理标志产品灵宝大枣	国家质量监督检验检疫总局 中国国家标准化管理委员会	2009-06-01
9	GB/T 23401—2009	地理标志产品延川红枣	国家质量监督检验检疫总局 中国国家标准化管理委员会	2009-10-01
10	GB 2762—2012	食品安全国家标准食品中污染物限量	国家卫生部	2013-06-01
11	GB 2763—2016	食品安全国家标准食品中农药最大残留限量	国家卫生和计划生育委员会 国家农业部 国家食品药品监督管理总局	2017-06-18
12	NY/T 700—2003	板枣	中华人民共和国农业部	2003-04-01
13	NY/T 970—2006	板枣生产技术规程	中华人民共和国农业部	2006-04-01
14	NY/T 1274—2007	板枣苗木	中华人民共和国农业部	2007-07-01
15	NY/T 2860—2015	冬枣等级规格	中华人民共和国农业部	2016-04-01
16	NY/T 484—2002	毛叶枣	中华人民共和国农业部	2002-02-01
17	NY/T 871—2004	哈密大枣	中华人民共和国农业部	2005-02-01
18	SN/T 0315—1994	出口无核红枣、蜜枣检验规程	国家进出口商品检验局	1995-05-01
19	SN/T 1042—2002	出口焦枣检验规程	国家质量监督检验检疫总局	2002-02-01
20	SN/T 1803—2006	进出境红枣检疫操作规程	国家质量监督检验检疫总局	2007-03-01

四、我国鲜枣产品质量安全情况

(一)总体产品合格率

2011年至今,我国先后对鲜枣产品质量进行4次行业监测,鲜枣产品的合格率均达到90%以上,其中2011年产品合格率最高为98.3%(见表2-8、图2-10)。

表2-8　2011~2016年我国鲜枣产品监测合格率

抽查时间	抽查批次	产品合格率(%)
2011年行业监测	300	98.3
2012年行业监测	560	93.2
2013年行业监测	400	94.0
2016年行业监测	220	95.0

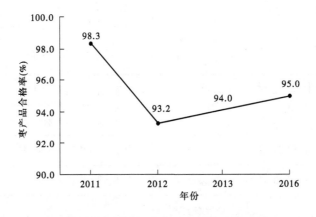

图2-10　2011~2016年鲜枣合格率变化趋势

(二)鲜枣各地区产品合格率

2011~2016年我国大部分区域鲜枣产品合格率总体呈现上升趋势,个别区域产品合格率波动较大(见表2-9、图2-11)。

华北地区中,2011~2016年河北省和山西省鲜枣产品合格率较高,其近年合格率均达100%,产品质量较稳定。

华东地区中,2011~2016年鲜枣产品质量检测工作主要集中在山东、浙江和安徽省。其中,山东省鲜枣产品合格率波动相对较大,2016年其产品合格率仅为 72.5%。

华中地区中,河南省是我国鲜枣生产大省,鲜枣样品监测合格率保持在76.3%以上。

西北地区中,新疆是我国鲜枣产品产量最大省份,其产品在 2012 年、2013年和 2016 年均保持 100%合格率;陕西省鲜枣产品的合格率也呈总体上升趋势。

表 2-9　2011～2016 年我国各地区鲜枣监测合格率

地区/省份		2011 年	2012 年	2013 年	2016 年
华北	河北	98.0	97.5	100	100
	山西	—	100	100	—
华东	浙江	—	91.7	—	—
	安徽		96.0		
	山东	97.0	88.9	95.0	72.5
华中	河南	100	76.3	93.3	100
西北	陕西	—	95.5	93.3	100
	新疆	—	100	100	100

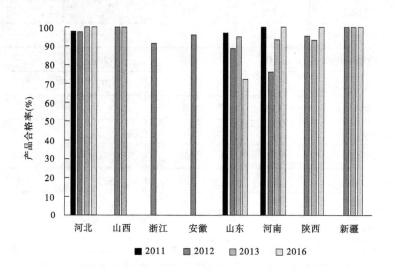

图 2-11　2011～2016 年我国各地区鲜枣监测合格率

(三)鲜枣中不同监测项目合格率

2011～2016 年,我国鲜枣产品主要不合格项目为农药氰戊菊酯,2012 年氰戊菊酯的合格率最低,为 93.8%。重金属铅和镉的合格率总体较高,其合格率均达 99%以上(见表 2-10)。

表 2-10　2011～2016 年我国鲜枣产品监测项目合格率

检验项目	2011 年	2012 年	2013 年	2016 年
铅	—	99.5	99.0	100
镉	—	100	100	100
敌敌畏	100	100	—	100
甲胺磷	99.7	100	—	—
乐果	100	100	100	—
磷胺	100	100	—	—
毒死蜱	100	100	—	—
甲基对硫磷	99.3	100	100	100
杀螟硫磷	100	100	—	100
倍硫磷	100	100	100	100
辛硫磷	100	100	—	—
敌百虫	100	100	—	—
乙酰甲胺磷	100	100	99.3	—
对硫磷	100	—	100	100
百菌清	100	100	—	—
联苯菊酯	100	100	—	—
甲氰菊酯	100	100	—	—
氟氯氰菊酯	100	100	—	100
氯氟氰菊酯	100	100	—	—
氯菊酯	100	—	—	—
氯氰菊酯	100	100	—	100
氰戊菊酯	99.3	93.8	98.8	95.0
溴氰菊酯	100	100	—	—

续表2-10

检验项目	2011 年	2012 年	2013 年	2016 年
克百威	100	100	—	100
氟胺氰菊酯	—	100	—	—
氟氰戊菊酯	—	100	—	—
马拉硫磷	—	—	100	—
甲拌磷	—	—	100	—
久效磷	—	—	100	—
特丁硫磷	—	—	100	—
氧乐果	—	—	100	100
艾氏剂	—	—	100	—
滴滴涕	—	—	100	—
狄氏剂	—	—	100	—
六六六	—	—	100	—

第三节 板栗质量状况

板栗原产自中国,板栗种植面积和产量均居世界第一。为监督板栗生产、确保食品质量安全,2011 年以来,国家林业局多次开展了对板栗质量安全的监测工作。2011~2015 年,板栗产品合格率基本稳定,2013 年板栗产品的合格率最低,为98.0%,2015 年板栗产品的合格率最高,为99.7%。

一、产品基本情况介绍

(一)定义

板栗(*Castaneamollissima* Blume)又名栗、板栗、栗子、风栗,是壳斗科栗属植物。板栗素有"干果之王"的美称,与枣、柿子并称为"铁杆庄稼""木本粮食"。板栗不仅是我国特产干果,也是我国重要的木本粮食,并具有药用价值。板栗含有丰富的维生素 C、不饱和脂肪酸和矿物质,能够维持牙齿、骨骼、血管肌肉的正常功用,可以预防和治疗骨质疏松、腰腿酸软、筋骨疼痛、乏力等,是抗衰老、延年益寿的滋补佳品。图 2-12 为板栗产品。

图 2-12　板栗

(二)板栗产品分类

根据板栗的种植分布,主要品种及其特点如表 2-11 所示。

表 2-11　板栗产品主要品种及其特点

序号	名称	主要特点
1	邢台板栗(河北)	颗粒饱满,色泽油亮,个大皮薄,果肉粉糯甘甜,富含优质碳水化合物、蛋白质、维生素和多种矿物质,营养价值极高
2	青龙板栗(河北)	个大皮薄,色泽鲜艳,果肉细腻,风味芳甘独特,营养成分居全国板栗之首
3	宽城板栗(河北)	具有色泽光亮,口感糯、软、甜、香的独特品质
4	丹东板栗(辽宁)	其果实个大,色泽白,口感好,不裂瓣,易加工,综合价值高
5	燕山板栗	熟后栗壳呈红褐色,去壳后果实松、软、香、甜,为小吃珍品
6	镇安板栗(陕西)	品种优良,颗粒肥大,栗仁丰满,色泽鲜艳,玲珑美观,涩皮易剥,肉质细腻,糯性较强,含糖量高
7	罗田板栗(湖北)	果仁中含淀粉、蛋白质、脂肪、钙、磷、铁等物质。所含蛋白质比大米高 30%,脂肪比大米高 20 倍
8	迁西板栗(河北)	外形玲珑,色泽鲜艳,不粘内皮;果仁呈米黄色,糯性强,甘甜芳香,口感极佳
9	郯城板栗(山东)	大油栗为最好,籽粒大(每市斤 40 粒左右),色泽油光发亮,肉质松,味香甜,糯性大等特点
10	信阳板栗(河南)	具有个大、肉嫩、皮薄、味甜、色泽鲜艳、颗粒饱满等特点
11	邵店板栗(江苏)	籽粒大,色泽油光发亮,肉质松,味香甜,糯性大
12	桐柏板栗(河南)	桐柏县境内发现的原生态板栗林面积超过 100 亩,有野生板栗树几千株,树龄都在 150 年以上

(三)板栗主要价值

1.药用价值

板栗有健脾胃、益气、补肾、壮腰、强筋、止血和消肿强心的功用,适合于治疗肾虚引起的腰膝酸软、腰腿不利、小便增多和脾胃虚寒引起的慢性腹泻,以及外伤后引起的骨折、瘀血肿痛和筋骨疼痛等症。

亮油油的栗子还有较高的药用价值。板栗有健脾胃、益气、补肾、强心的功用,主治反胃、吐血、便血等症,老少咸宜。栗子富含柔软的膳食纤维,血糖指数比米饭低,只要加工烹调中没有加入白糖,糖尿病人也可适量品尝。

板栗中所含的丰富的不饱和脂肪酸和维生素,能防治高血压病、冠心病和动脉硬化等疾病。板栗含有极高的糖、脂肪、蛋白质,还含有钙、磷、铁、钾等矿物质,以及维生素 C、B_1、B_2 等,有强身健体的作用。

2.养生价值

(1)主要功效为养胃健脾、补肾强筋,对人体有滋补功能,可与人参、黄芪、当归等媲美。可以治疗反胃、吐血、腰脚软弱、便血等症。

(2)对肾虚有良好的疗效。唐朝孙思邈认为板栗是"肾之果也,肾病宜食之"。

(3)所含的不饱和脂肪酸和各种维生素,有抗高血压、冠心病、骨质疏松和动脉硬化的功效,是抗衰老、延年益寿的滋补佳品。

(4)含有维生素 B_2,常吃板栗对防治日久难愈的小儿口舌生疮和成人口腔溃疡有益。

二、板栗产量情况

(一)全国总产量

自 2007 年起,我国板栗产量逐年上升,产量增加趋势较快,2009~2010 年的增加趋势有所放缓,但从 2010 年起继续保持较大的增长趋势。截至 2014 年,板栗的全国年产量达到最高,为 227.817 5 万 t,比 2013 年增加了 6.84%,约为 2007 年产量的 1.80 倍。2010 年板栗产量为 170.168 0 万 t,相比于 2009 年增加了 4.55%,2011 年板栗产量迅速上升至 189.660 3 万 t,相比于 2010 年产量增加了 11.45%。2007~2014 年我国板栗年产量变化趋势如图 2-13 所示。

(二)各地区产量

目前,我国板栗产业主要集中在华东、华中、华北、西南、东北、西北等地区。2014 年,经统计,这六个主要板栗主产区的板栗产量占全国总产量的

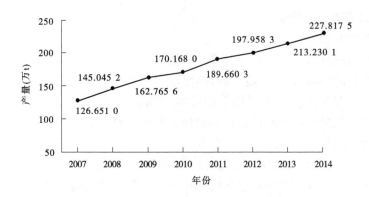

图 2-13　2007～2014 年我国板栗年产量变化趋势

87%。统计这六个地区的板栗产量占比情况,华东、华中、华北、西南、东北、西北分别占比 35%、32%、14%、8%、7%、4%(见图 2-14)。

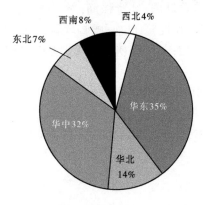

图 2-14　2014 年我国六个板栗主产区板栗产品产量占比

　　华东地区是我国板栗产量最大的地区,山东省、安徽省、福建省和浙江省为主要产区。其中,山东省是华东地区板栗产量最大的地区,2014 年板栗的产量为 30.584 1 万 t,位居全国第二,且根据往年统计数据,山东省已连续 4 年位居全国第二,仅次于华中地区的湖北省(见表 2-12)。

　　华中地区的湖北省、河南省和湖南省三省的板栗产量都比较大。2014 年湖北省板栗产量 41.404 9 万 t,河南省板栗产量 12.675 4 万 t,湖南省板栗产量 10.246 6 万 t,分别位居全国第一、第六和第九。

　　华北地区的板栗行业主要集中于河北省。2014 年河北省板栗产量 27.520 1 万 t,是全国板栗产量第三大省,仅次于湖北省和山东省。

　　西南地区板栗产业主要集中在云南省。2014 年云南省板栗产量 16.109 0

万 t,位居全国板栗产量第五。

东北地区板栗产业主要集中在辽宁省。2014 年,辽宁省板栗产量 12.619 1 万 t,占比 5.5%,位列全国第七。

表 2-12 2014 年我国板栗产品产量排名前十省

序号	省份	所属地区	产量(万 t)	占总产量的百分比(%)
1	湖北	华中	41.404 9	18.2
2	山东	华东	30.584 1	13.4
3	河北	华北	27.520 1	12.1
4	安徽	华东	19.780 3	8.7
5	云南	西南	16.109 0	7.1
6	河南	华中	12.675 4	5.6
7	辽宁	东北	12.619 1	5.5
8	福建	华东	10.819 1	4.7
9	湖南	华中	10.246 6	4.5
10	浙江	华东	9.121 9	4.0
总计		—	190.880 5	83.8

三、板栗相关标准情况

目前,已经颁部并实施的板栗相关标准 25 项(见表 2-13),其中,国家强制性标准 1 项、国家推荐性标准 1 项、行业标准 8 项、地方标准 15 项。

《板栗质量等级》(GB/T 22346—2008)是于 2008 年 9 月 2 日发布并于 2009 年 3 月 1 日实施的国家推荐性标准。该标准规定了板栗质量等级、检验方法、检验规则、包装、标志、运输和贮藏,适用于我国板栗的生产、收购和销售。

《板栗丰产林》(LY/T 1337—1999)是于 2005 年 12 月 1 日批准并实施的关于规定栗实产量指标及丰产技术措施的推荐性标准,该标准依据板栗生态条件和栽培状况,划分为三类产区;对板栗的栗实丰产指标做了相关的规定,包括栗实产量指标、大小产量变化幅度不超过 25%、丰产林要集中连片且最小面积在 10 亩以上、产量验收方法、栗实品质指标等;并对丰产技术措施包括苗木、丰产林营造、低产树高接换优、土壤管理、施肥等各个方面做了详尽的规定。

在板栗的加工及后处理方面,标准 GH/T 1029—2002、LY/T 1674—2006、SB/T 10557—2009、DB13/T 996.4—2009、DB42/T 352—2011、DB3205/T 116—2006 对板栗的技术要求、检验方法、检验规则、标志、包装、运输、储藏等方面做了详细的规定。

对板栗的检测及品质判定方面,标准 NY/T 2328—2013、DB34/T 277—2002、DB13/T 728—2005、DB13/T 996.1—2008、DB13/T 996.2—2008、DB13/T 996.3—2008、DB33/T 371—2011、DB34/T 277—2002、DB13/T 726—2005、DB13/T 728—2005 等对板栗的质量及来源产地的评定、板栗的生产规程做了相关的规定。SN/T 0875—2000、SN/T 3258—2012、SN/T 3272.4—2012 对进出口板栗加工产品的检测及品质的判定做了相关规定。

对特色板栗的规定标准方面,有地方标准 DB34/T 259—2002、DB34/T 260—2002、DB12/T 400—2008、DB13/T 996.4—2009、DB42/T 352—2011,这些标准对地区特色板栗小红光、大红光、天津板栗、京东板栗、罗田板栗品种的定义、特性、检验方法、检验规则、标志、包装、运输、储存上均做了一定的规定。DB11/T 653—2009 规定了板栗作业质量技术要求、试验方法镉检验规则,该标准适用于板栗脱蓬机作业质量的规定。

国家林业局对板栗产品质量安全监测的指标为重金属类(砷、铅、镉)和农药残留类(敌敌畏、乐果、杀螟硫磷、倍硫磷、辛硫磷、敌百虫、乙酰甲胺磷、毒死蜱、氯氟氰菊酯、腈苯唑、氯氰菊酯、亚胺硫磷、氯丹)。砷的检测依据为 GB/T 5009.11—2003,铅的检测依据为 GB 5009.12—2010,镉的检测依据为 GB/T 5009.15—2003;敌敌畏、乐果、杀螟硫磷、倍硫磷、辛硫磷、敌百虫、乙酰甲胺磷、毒死蜱、氯氟氰菊酯的检测依据为 NY/T 761—2008;腈苯唑的检测依据为 GB/T 19649—2006,氯氰菊酯的检测依据为 GB/T 5009.146—2008、亚胺硫磷的检测依据为 GB/T 19648—2006、氯丹的检测依据为 GB/T 5009.19—2008。板栗质量安全的判定依据为《食品安全国家标准　食品中污染物限量》(GB 2762—2012)、《食品安全国家标准　食品中农药最大残留限量》(GB 2763—2012)、《森林食品质量安全通则》(LY/T 1777—2008)。

表 2-13 我国已颁布并实施的板栗相关标准

序号	标准编号	标准名称	发布部门	实施日期 (年-月-日)
1	GB/T 22346—2008	板栗质量等级	中华人民共和国国家质量 监督检验检疫总局	2009-03-01
2	GH/T 1029—2002	板栗	中华全国供销合作总社	2002-12-01
3	LY/T 1337—1999	板栗丰产林	国家林业局	2005-12-01
4	LY/T 1674—2006	板栗贮藏保鲜 技术规程	国家林业局	2006-12-01
5	NY/T 2328—2013	农作物种质资源鉴定 评价技术规范 板栗	中华人民共和国农业部	2013-08-01
6	SB/T 10557—2009	熟制板栗和仁	中华人民共和国商务部	2010-07-01
7	SN/T 0875—2000	进出口板栗 检验规程	中华人民共和国国家 出入境检验检疫局	2000-11-01
8	SN/T 3258—2012	出口糖水板栗 罐头检验规程	中华人民共和国国家 质量监督检验检疫总局	2013-05-01
9	SN/T 3272.4—2012	出境干果检疫规程 第4部分:板栗	中华人民共和国国家 质量监督检验检疫总局	2013-05-01
10	DB11/T 653—2009	板栗脱蓬机 作业质量	北京市质量技术监督局	2009-11-01
11	DB34/T 259—2002	板栗品质 小红光	安徽省质量技术监督局	2002-12-31
12	DB34/T 260—2002	板栗品质 大红光	安徽省质量技术监督局	2002-12-31
13	DB34/T 277—2002	无公害板栗丰产 栽培技术规程	安徽省质量技术监督局	2002-12-31
14	DB12/T 400—2008	天津板栗	天津市质量技术监督局	2009-03-01
15	DB13/T 726—2005	无公害果品 板栗生产技术规程	河北省质量技术监督局	2005-04-15
16	DB13/T 728—2005	无公害果品 板栗	河北省质量技术监督局	2005-04-16
17	DB13/T 996.1—2008	京东板栗综合标准 第1部分:建园	河北省质量技术监督局	2008-12-31

续表 2-13

序号	标准编号	标准名称	发布部门	实施日期 (年-月-日)
18	DB13/T 996.2—2008	京东板栗综合标准 第 2 部分:苗木	河北省质量技术监督局	2008-12-31
19	DB13/T 996.3—2008	京东板栗综合标准 第 3 部分:栽培管理	河北省质量技术监督局	2008-12-31
20	DB13/T 996.4—2009	京东板栗综合标准 第 4 部分:京东板栗	河北省质量技术监督局	2008-12-31
21	DB33/T 371—2011	无公害板栗 栽培技术规程	浙江省质量技术监督局	2011-07-27
22	DB34/T 277—2002	无公害板栗丰产 栽培技术规程	安徽省质量技术监督局	2002-12-31
23	DB42/T 352—2011	地理标志产品 罗田板栗	湖北省质量技术监督局	2011-09-18
24	DB3205/T 116—2006	绿色食品 板栗 生产技术规程	江苏省苏州质量 技术监督局	2007-03-01

四、我国板栗产品质量安全情况

(一)总体产品合格率

2011 年至今,先后对板栗产品质量安全进行了 4 次行业监测抽查。2011～2015 年板栗抽查合格率整体上呈现上升的趋势,2015 年板栗产品合格率最高为 99.7%,较 2011 年提高了 0.7%。2013 年板栗合格率有所回落,为 98.0%,2015 年又实现了板栗合格率的增长(见表 2-14、图 2-15)。

表 2-14　2011～2015 年我国板栗产品监测合格率

抽查时间	抽查样品批次	板栗合格率(%)
2011 年行业监测抽查	500	99.0
2012 年行业监测抽查	549	99.6
2013 年行业监测抽查	407	98.0
2015 年行业监测抽查	360	99.7

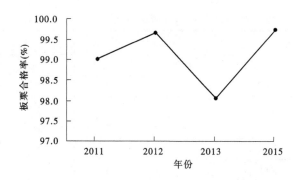

图 2-15　2011~2015 年板栗产品合格率变化趋势

（二）各地区板栗产品合格率

2011~2015 年（除 2014 年外）我国大部分地区抽样的板栗合格率总体呈现上升趋势，个别区域产品合格率波动较大（见表 2-15、图 2-16）。

华北地区中，2011~2015 年的板栗质量安全监测工作集中在河北省和山西省。河北省连续 4 年板栗合格率均为 100%，连续抽查两年的山西省板栗合格率也保持在 100%，华北地区板栗质量较高。

华东地区中，2011~2015 年浙江省和山东省板栗合格率较高，近几年浙江省的板栗合格率一直保持 100%，产品质量保持稳定；对于山东省板栗，2011 年的合格率为 96%，2012~2015 年板栗合格率一直保持 100% 不变，板栗质量有所上升。

华中地区中，2013 年、2015 年抽查的板栗质量安全监测工作集中在河南省，2012 年、2013 年和 2015 年的板栗质量安全监测工作集中在湖北省。河南省连续两年板栗合格率保持 100%，产品质量高；对于产量突出的湖北省，板栗质量合格率波动较大，呈现先降低后升高的趋势，2013 年的板栗合格率为 95%。

西南地区的四川省仅在 2012 年对板栗进行了质量安全抽查工作，板栗合格率 100%。2011~2015 年贵州省抽查的板栗除 2011 年合格率为 99%，其余合格率均为 100%；云南省抽查板栗在 2011~2015 年的合格率保持 100%，产品全部合格。

西北地区中，2012 年、2013 年和 2015 年的板栗质量安全抽查工作重点集中在陕西省，这三年陕西省的板栗合格率波动较大，2012 年、2015 年合格率均为 100%，而 2013 年的合格率仅为 85%。

表 2-15　2011~2016 年我国各地区板栗产品合格率

地区/省份		2011 年	2012 年	2013 年	2015 年
华北	河北省	100	100	100	100
	山西省	—	100	100	—
华东	浙江省	100	100	100	100
	山东省	96	100	100	100
华中	河南省	—	—	100	100
	湖北省	—	96	95	98
西南	四川省		100	—	—
	贵州省	99	100	100	100
	云南省	100	100	100	100
西北	陕西省		100	85	100

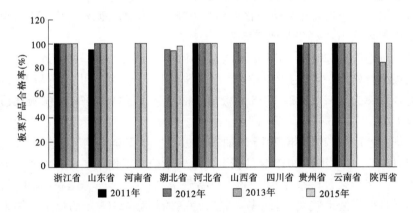

图 2-16　2011~2015 年我国华东、华中、华北、西南、西北地区板栗产品合格率

（三）板栗中不同监测项目合格率

2011~2015 年,国家林业局林产品质量安全监测的监测项目中主要不合格项目为铅、镉,项目合格率范围分别为 98.4%~99.8%、99.5%~100%。2013 年镉的合格率为 99.5%,其余年份镉指标的合格率均为 100%。2011~2013 年,我国板栗产品连续监测农药残留的项目中,不合格的项目有敌敌畏、乙酰甲胺磷和杀螟硫磷。敌敌畏和乙酰甲胺磷指标在 2011 年的合格率均为 99.6%,2012 年、2013 年这两个指标均保持合格。杀螟硫磷的合格率在 2012 年合格率为 99.8%,2011 年和 2013 年合格率均为 100%(见表 2-16、图 2-17)。

表 2-16 2011~2015 年我国板栗产品监测项目合格率

检测项目	2011 年	2012 年	2013 年	2015 年
铅	99.8	99.8	98.4	99.7
镉	100	100	99.5	100
砷	100	100	100	—
敌敌畏	99.6	100	100	—
乙酰甲胺磷	99.6	100	100	—
杀螟硫磷	100	99.8	100	—
倍硫磷	100	100	100	—
辛硫磷	100	100	100	—
敌百虫	100	100	100	—
毒死蜱	100	100	100	—
腈苯唑	—	—	—	100
氯氟氰菊酯	—	—	—	100
氯氰菊酯	—	—	—	100
亚胺硫磷	—	—	—	100
氯丹	—	—	—	100

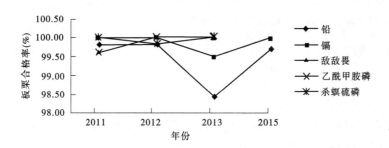

图 2-17 2011~2015 年我国板栗监测项目合格率变化趋势

第四节　主要经济林产品现行标准

板栗质量等级

（GB/T 22346—2008）

1　范围

本标准规定了板栗质量等级、检验方法、检验规则、包装、标志、运输和贮藏。

本标准适用于我国板栗的生产、收购和销售。

2　规范性引用文件

下列文件中的条款通过本标准的引用而成为本标准的条款,凡是注日期的引用文件,其随后所有的修改单(不包括勘误的内容)或修订版均不适用于本标准,然而,鼓励根据本标准达成协议的各方研究是否可以使用这些文件的最新版本,凡是不注日期的引用文件,其最新版本适用于本标准。

GB/T 191—2008　包装储运图示标志

GB/T 5009.9　食品中淀粉的测定方法

GB/T 6194　水果、蔬菜可溶性糖测定法

GB/T 8855　新鲜水果和蔬菜　取样方祛

GB/T 10362—1989　玉米水分测定法

LY/T 1674—2006　板栗贮藏保鲜技术规程

LS/T 3801—1987　粮食包装　麻袋

3　术语和定义

下列术语和定义适用于本标准。

3.1　采收成熟度 ripe level

栗苞在树上自然开裂,坚果丰满并具有本品种成熟时应有的色泽、风味等状。

3.2　杂质 impurity

产品中出现的对人体健康有害的或不应有之物,如沙粒、土块、毛发等。

3.3 异常气味 off flavor

除板栗特有香味外的气味和味道。

3.4 炒食型 stir-frying species

适合用于炒食用品种,一般具有肉质细糯,含糖量较高,风味香甜,果皮深褐色,茸毛少的特点。

3.5 菜用型 slewing species

适合用于菜用品种,一般具有肉质偏粗硬、含糖量较低、果皮茸毛较多的特点。

3.6 整齐度 uniformity

板栗坚果大小的均匀一致程度。

3.7 缺陷容许度 tolerance of defect fruit

同一检验批次的板栗中,缺陷果允许存在的最大限度,用缺陷果个数占坚果总个数的百分比表示。

3.8 霉烂果 decay nut

遭受病原菌侵染,导致细胞分离、果皮变黑,部分或全部丧失食用价值的坚果。

3.9 虫蛀果 pests nut

遭受虫侵害而影响感官或理化质量,部分或全部丧失食用价值的坚果。

3.10 风干果 air-drying nut

由于风干失水,果仁干缩并与内果皮分离的坚果。

3.11 裂嘴果 top cracking nut

自然生长条件下形成开裂或由于机械损伤等外力而导致果皮破损的坚果。

3.12 淀粉糊化温度 gehatinization degree

淀粉在一定温度的溶液中实现糊化时的临界温度,板栗口感质量(糯性)的量化指标。

4 板栗质量等级

4.1 基本要求

具有本品种达到采收成熟度时的基本特征(果皮颜色、光泽等),果形良好,果面洁净,无杂质、异常气味。

4.2 感官指标

板栗感官指标应符合表1规定。

表1　感官指标

类型	等级	每千克坚果数量（粒/kg）	整齐度（%）	缺陷容许度
炒食型	特	80~120	>90	霉烂果、虫蛀果、风干果、裂嘴果4项之和不超过2%
	1	121~150	>85	霉烂果、虫蛀果、风干果、裂嘴果4项之和不超过5%
	2	151~180	>80	霉烂果、虫蛀果、风干果、裂嘴果4项之和不超过8%
菜用型	特	50~70	>90	霉烂果、虫蛀果、风干果、裂嘴果4项之和不超过2%
	1	71~90	>85	霉烂果、虫蛀果、风干果、裂嘴果4项之和不超过5%
	2	91~120	>80	霉烂果、虫蛀果、风干果、裂嘴果4项之和不超过8%

4.3　理化指标

板栗理化指标应符合表2规定。

表2　理化指标

类型		糊化温度（℃）	淀粉含量（%）	含水量（%）	可溶性糖（%）
炒食型	特	<62.0	<46.0	<48.0	>18.0
	1		<50.0	<50.0	>15.0
	2		>50.1	<52.0	>12.0
菜用型	特	<68.0	<50.0	<52.0	>15.0
	1		<55.0	<57.0	>12.0
	2		>55.1	<65.0	>10.0

4.4　卫生指标

板栗卫生指标按国家有关标准或规定执行。

5　检验方法

5.1　感官检验

样品置于自然光照度下，进行感官检验，对不符合基本要求的样品做各项记录。风味用品尝和嗅的方法检测，其余项目用目测法检测。虫病害症状不明显而有怀疑者，应剖开检测。

5.2 每千克坚果数量检验

将抽取的板栗样品用分析天平(感量0.1 g)称量,记录坚果总数量和总重量,按式(1)计算,结果取整数。

$$X = N/m \tag{1}$$

式中　X——每千克坚果数量,单位为粒每千克(粒/kg);

　　　N——样品总数量,单位为粒;

　　　m——样品总重量,单位为千克(kg)。

5.3 整齐度检验

将抽取的板栗样品用目测法挑选最大和最小坚果各三分之一,分别称量,按式(2)计算。

$$CR = m_1/m_2 \times 100\% \tag{2}$$

式中　m_1——三分之一最小坚果总重,单位为千克(kg);

　　　m_2——三分之一最大坚果总重,单位为千克(kg)。

5.4 缺陷容许度检验

如果一个坚果同时出现两种以上缺陷,选择影响质量较重的一种缺陷,按一个缺陷计,缺陷容许度按式(3)计算。

$$X = X_1/X_2 \times 100\% \tag{3}$$

式中　X——缺陷容许度,%;

　　　X_1——有缺陷的样品总数量,单位是粒;

　　　X_2——检验样品的总数量,单位是粒。

5.5 糊化温度检验

按本标准附录A方法进行。

5.6 淀粉含量检验

按GB/T 5009.9的规定测定。

5.7 含水量检验

按GB/T 10362—1989的规定测定。

5.8 可溶性糖检验

按GB/T 6194的规定测定。

6 检验规则

6.1 组批规则

按GB/T 8855的规定执行。

6.2 抽样方法

按GB/T 8855的规定执行。

6.3　判定规则

6.3.1　每批受检样品的感官基本要求指标平均不合格率不应超过 5%,其中任一单件样品的不合格率不应超过 10%。

6.3.2　为确保理化、卫生项目检验不受偶然误差影响,凡某项目检验不合格,应另取一份样品复检,若仍不合格,则判该项目不合格,若复检合格,则应再取一份样品做第二次复检,以第二次复检结果为准。

6.3.3　对包装、标志、缺陷容许度不合格的产品,允许生产单位进行整改后申请复检。

7　包装

按 LS/T 3801—1987 的规定执行。

8　标志

按 GB/T 191—2008 的规定执行,标志上应标明产品名称、净含量和包装日期等,要求字迹清晰、完整、准确。

9　运输和贮藏

9.1　运输

9.1.1　板栗采收后应按本标准规定的质量等级分级,尽快装运、交售或贮藏。

9.1.2　板栗待运时,应批次分明、堆码整齐、环境清洁、透气保湿,严禁暴晒和雨淋。

9.1.3　运输工具要洁净卫生,不得与有毒、有害、有污染物品混贮混运。

9.2　贮藏

按 LY/T 1674—2006 的规定执行。

附　录　A

（规范性附录）

淀粉糊化温度测定

A.1　原理

淀粉由直链淀粉和支链绽粉组成,淀粉在一定温度下溶于水后,直链淀粉和支链淀粉在总淀粉中比例不同,其淀粉糊化度不同。支链淀粉含量越高,其糊化温度越低,板栗口感质量(糯性)越好。

A.2　试剂

A.2.1　无水乙醚(分析纯)。

A.2.2　无水乙醇(分析纯)。

A.3　操作方法

A.3.1　淀粉的制备

将板栗样品去种皮,研钵或捣碎机中粉碎,烘干机(60 ℃)烘干 38 h,过 60 目筛,用适量无水乙醚脱脂 3 次,去除乙醚,之后用 85% 乙醇(无水乙醇用蒸馏水稀释)去除可溶性糖 3 次,再次烘干 5 h,阴凉干燥处保存备用。

A.3.2　淀粉糊化温度测定

在分析天平上称取板栗淀粉 10 mg,置于试管中,量取 10 mL 蒸馏水,先加入试管 4~5 滴,用玻璃棒轻轻将淀粉溶解,然后加入全部蒸馏水,打开水浴锅,待水浴锅温度达到 40 ℃时,将试管置于锅内并固定,用橡皮球往试管中不断打气,使淀粉在管中分散均匀,注意温度上升速度,开始时可稍快,当接近 50 ℃时上升速度要慢(0.5 ℃/min),等到试管内温度一致时再逐步提高温度。在此过程中,透过试管隔着蓝色滤光片观察灯丝的变化,在淀粉糊化之前可非常清晰地看到灯丝,当形成淀粉糊(凝胶)时灯丝模糊,读取此时的温度。

同一批次用此测定方法重复 5 次,取平均值即为板栗淀粉糊化湿度。

菜籽油

(GB 1536—2004)

1　范围

本标准规定了菜籽油的术语和定义、分类、质量要求、检验方法及规则、标签、包装、贮存和运输等要求。

本标准适用于压榨成品菜籽油浸出成品菜籽油和菜籽原油。

菜籽原油的质量指标仅适用于菜籽原油的贸易。

2　规范性引用文件

下列标准中的条款通过本标准的引用而成为本标准的条款。凡是注日期的引用文件,其随后所有的修改单(不包括勘误的内容)或修订版均不适用于本标准,然而,使用本标准的各方应研究是否可使用下列标准的最新版本。凡是不注日期的引用文件,其最新版本适用于本标准。

GB 2716　食用植物油卫生标准

GB 2760　食品添加剂使用卫生标准

GB/T 5009.37　食用植物油卫生标准的分析方法

GB/T 5490　粮食油料及植物油脂检验一般规则

GB/T 5524　植物油脂检验扦样分样法

GB/T 5525—1985　植物油脂检验透明度色泽气味滋味鉴定方法

GB/T 5526　植物油脂检验比重测定法

GB/T 5527　植物油脂检验折光指数测定法

GB/T 5528　植物油脂水分及挥发物含量测定法

GB/T 5529　植物油脂检验杂质测定法

GB/T 5530　动植物油脂酸值和酸度测定

GB/T 5531　植物油脂检验加热试验

GB/T 5532　植物油碘值测定

GB/T 5533　植物油脂检验含皂量测定法

GB/T 5534　动植物油脂皂化值的测定法

GB/T 5535　植物油脂检验不皂化物测定法

GB/T 5538　油脂过氧化值测定

GB/T 5539　植物油脂检验油脂定性试验

GB 7718　预包装食品标签通用标准

GB/T 17374　食用植物油销售包装

GB/T 17376　动植物油脂 脂肪酸甲酯制备

GB/T 17377　动植物油脂 脂肪酸甲酯的气相色谱分析

GB/T 17756—1999　色拉油通用技术条件

3　术语和定义

下列术语和定义适用于本标准。

3.1　**压榨菜籽油** pressing rapeseed oil
油菜籽经直接压榨制取的油。

3.2　**浸出菜籽油** solvent extraction rapeseed oil
油菜籽经浸出工艺制取的油。

3.3　**转基因菜籽油** genetically modified organism rapeseed oil
用转基因油菜籽制取的油。

3.4　**低芥酸菜籽油** rapeseed oil-low erucic acid
芥酸含量不超过脂肪酸组成3%的菜籽油。

3.5　**菜籽原油** cru de rapeseed oil
未经任何处理的不能直接供人类食用的菜籽油。

3.6　**成品菜籽油** finished product of rapeseed oil
经处理符合本标准成品油质量指标和卫生要求的直接供人类食用的菜籽油。

3.7　**折光指数** refractive index
光线从空气中射入油脂时入射角与折射角的正弦之比值。

3.8　**相对密度** specific gravity
20 ℃植物油的质量与同体积20 ℃蒸馏水的质量之比值。

3.9　**碘值** iodine value
在规定条件下与100 g油脂发生加成反应所需碘的克数。

3.10　**皂化值** saponification value
皂化1 g油脂所需的氢氧化钾毫克数。

3.11　**不皂化物** unsaponifiable matter
油脂中不与碱起作用溶于醚不溶于水的物质,包括甾醇、脂溶性维生素和色素等。

3.12　**脂肪酸** fatty acid
脂肪族一元羧酸的总称通式为R-COOH。

3.13　**色泽** colour
油脂本身带有的颜色。主要来自于油料中的油溶性色素。

3.14　**透明度** transparency
油脂可透过光线的程度。

3.15　**水分及挥发物** moisture and volatile matter
在一定温度条件下,油脂中所含的微量水分和挥发物。

3.16　**不溶性杂质** insoluble impurities
油脂中不溶于石油醚等有机溶剂的物质。

3.17　**酸值** acid value
中和1 g油脂中所含游离脂肪酸需要的氢氧化钾毫克数。

3.18　**过氧化值** peroxide value
1 kg油脂中过氧化物的毫摩尔数。

3.19 **溶剂残留量** residual solvent content in oil

　　1 kg 油脂中残留的溶剂毫克数。

3.20 **加热试验** heating test

　　油样加热至 280 ℃时观察有无析出物和油色变化情况。

3.21 **冷冻试验** refrigeration test

　　油样置于 0 ℃恒温条件下保持一定的时间观察其澄清度。

3.22 **含皂量** saponified matter content

　　经过碱炼后的油脂中皂化物的含量以油酸钠计。

3.23 **烟点** smoking point

　　油样加热至开始连续发蓝烟时的温度。

4　分类

　　菜籽油分为菜籽原油和压榨成品菜籽油,浸出成品菜籽油三类。

5　质量要求

5.1　特征指标

	一般菜籽油	低芥酸菜籽油
折光指数(n^{40}):	1.465~1.469	1.465~1.467
相对密度(d_{20}^{20}):	0.910~0.920	0.914~0.920
碘值(I)(g/100g):	94~120	105~126
皂化值(KOH)(mg/g):	168~181	182~193
不皂化物(g/kg):	≤20	≤20
脂肪酸组成(%):		
十四碳以下脂肪酸	ND	ND
豆蔻酸 $C_{14:0}$	ND~0.2	ND~0.2
棕榈酸 $C_{16:0}$	1.5~6.0	2.5~7.0
棕榈一烯酸 $C_{16:1}$	ND~3.0	ND~0.6
十七烷酸 $C_{17:0}$	ND~0.1	ND~0.3
十七碳一烯酸 $C_{17:1}$	ND~0.1	ND~0.3
硬脂酸 $C_{18:0}$	0.5~3.1	0.8~3.0
油酸 $C_{18:1}$	8.0~60.0	51.0~70.0
亚油酸 $C_{18:2}$	11.0~23.0	15.0~30.0
亚麻酸 $C_{18:3}$	5.0~13.0	5.0~14.0

花生酸 $C_{20:0}$	ND~3.0	0.2~1.2
花生一烯酸 $C_{20:1}$	3.0~15.0	0.1~4.3
花生二烯酸 $C_{20:2}$	ND~0.1	ND~0.1
山嵛酸 $C_{22:0}$	ND~2.0	ND~0.6
芥酸 $C_{22:1}$	3.0~60.0	ND~3.0
二十二碳二烯酸 $C_{22:2}$	ND~2.0	ND~0.1
木焦油酸 $C_{24:0}$	ND~2.0	ND~0.3
二十四碳一烯酸 $C_{24:1}$	ND~3.0	ND~0.4

注1:上列指标除芥酸含量外,其他指标与国际食品法典委员会标准 CODEX-STAN 210—1999 指定的植物油法典标准的指标一致。

注2:ND 表示未检出,定义为 0.05%。

5.2 质量等级指标

5.2.1 菜籽原油质量指标见表1。

表1 菜籽原油质量指标

项目		质量指标
气味、滋味		具有菜籽原油固有的气味和滋味、无异味
水分及挥发物(%)	≤	0.20
不溶性杂质(%)	≤	0.20
酸值(KOH)(mg/g)	≤	4.0
过氧化值(mmol/kg)	≤	7.5
溶剂残留量	≤	100

注:黑体部分指标强制。

5.2.2 压榨成品菜籽油、浸出成品菜籽油质量指标见表2。

表2 压榨成品菜籽油、浸出成品菜籽油质量指标

项目		质量等级			
		一级	二级	三级	四级
色泽	(罗维朋比色槽 25.4 mm) ≤	—	—	黄 35,红 4.0	黄 35,红 7.0
	(罗维朋比色槽 133.4 mm) ≤	黄 20,红 2.0	黄 35,红 4.0	—	—

续表 2

项目	质量等级			
	一级	二级	三级	四级
气味、滋味	无气味、口感好	气味、口感良好	具有菜籽油固有的气味和滋味、无异味	具有菜籽油固有的气味和滋味、无异味
透明度	澄清、透明	澄清、透明	—	—
水分及挥发物(%) ≤	0.05	0.05	0.10	0.20
不溶性杂质(%) ≤	0.05	0.05	0.05	0.05
酸值(KOH)(mg/g) ≤	0.20	0.30	1.0	0.30
过氧化值(mmol/kg) ≤	5.0	5.0	6.0	6.0
加热试验(280 ℃)	—	—	无析出物,罗维朋比色;黄色值不变,红色值增加小于 0.4	微量析出物,罗维朋比色;黄色值不变,红色值增加小于 4.0,0.5
含皂量(%) ≤	—	—	0.03	—
烟点(℃) ≥	215	205	—	—
冷冻试验(0 ℃储藏 5.5 h)	澄清,透明	—	—	—
溶剂残留量(mg/kg) 浸出油	不得检出	不得检出	≤50	≤50
压榨油	不得检出	不得检出	不得检出	不得检出

注 1:划有"—"者不做检测。压榨油和一、二级浸出油的溶剂残留量检出值小于 10 mg/kg 时视为未检出。

注 2:黑体部分指标强制。

5.3　卫生指标

按 GB 2716、GB 2760 和国家有关标准规定执行。

5.4　其他

菜籽油不得掺有其他食用油和非食用油;不得添加任何香精和香料。

6　检验方法

6.1　透明度气味滋味检验:按 GB/T 5525—1985 中的第 1 章、第 3 章执行。

6.2　色泽检验:按 GB/T 5525—1985 中的第 2 章执行。

6.3　相对密度检验:按 GB/T 5526 执行。

6.4　折光指数检验:按 GB/T 5527 执行。

6.5　水分及挥发物检验:按 GB/T 5528 执行。

6.6　不溶性杂质检验:按 GB/T 5529 执行。

6.7　酸值检验:按 GB/T 5530 执行。

6.8　加热试验:按 GB/T 5531 执行。

6.9　碘值检验:按 GB/T 5532 执行。

6.10　含皂量检验:按 GB/T 5533 执行。

6.11　皂化值检:按 GB/T 5534 执行。

6.12　不皂化物检验:按 GB/T 5535 执行。

6.13　过氧化值检验:按 GB/T 5538 执行。

6.14　冷冻试验:按 GB/T 17756—1999 附录 A 执行。

6.15　烟点检验:按 GB/T 17756—1999 附录 B 执行。

6.16　溶剂残留量检验:按 GB/T 5009.37 执行。

6.17　油脂定性试验:按 GB/T 5539 执行。以油脂的定性试验和菜籽油特征指标(5.1)作为综合判断依据。

6.18　脂肪酸组成检验:按 GB/T 17376~17377 执行。

6.19　卫生指标检:按 GB/T 5009.37 执行。

7　检验规则

7.1　抽样

菜籽油抽样方法按照 GB/T 5524 的要求执行。

7.2　出厂检验

7.2.1　应逐批检验并出具检验报告。

7.2.2　按本标准 5.2 的规定检验。

7.3　型式检验

7.3.1　当原料设备工艺有较大变化或质量监督部门提出要求时均应进行型式检验。

7.3.2　按本标准第 5 章的规定检验。

7.4　判定规则

7.4.1　产品未标注质量等级时,按不合格判定。

7.4.2　产品的各等级指标中有一项不合格时即判定为不合格产品。

8　其他条款

除了符合 GB 7718 的规定及要求外,还有以下专门条款。

8.1　产品名称

8.1.1　凡标识菜籽油的产品均应符合本标准。

8.1.2　转基因菜籽油要按国家有关规定标识。

8.1.3　压榨菜籽油、浸出菜籽油要在产品标签中分别标识压榨、浸出字样。

8.2　原产国

应注明产品原料的生产国名。

9　包装存储运输

9.1　包装

应符合 GB/T 17374 及国家的有关规定和要求。

9.2　储存

应储存于阴凉干燥及避光处,不得与有害有毒物品一同存放。

9.3　运输

运输中应注意安全,防止日晒、雨淋、渗漏、污染和标签脱落。散装运输要有专车,保持车辆清洁卫生。

GB 1536—2004《菜籽油》第 1 号修改单

本修改单业经国家标准化管理委员会于 2005 年 4 月 28 日以国标委农轻函〔2008〕18 号文批准,自 2005 年 8 月 1 日起实施。

标准文本中表 2 中,"四级菜籽油的"加热试验(280 ℃)要求中的部分文字"红色值增加小于 4.0,0.5"修改为"红色值增加小于 4.0,蓝色值增加小于 0.5"。

干制红枣质量等级

（LY/T 1780—2008）

1 范围

本标准规定了干制红枣的定义、要求、检验方法、检验规则、标志、标签包装、运输和贮存。

本标准适用于干制红枣(Zizyphus jujuba Mill.)的质量等级评定。

2 规范性引用文件

下列文件中的条款通过本标准的引用而成为本标准的条款。凡是注日期的引用文件,其随后所有的修改单(不包括勘误的内容)或修订版均不适用于本标准,然而,鼓励根据本标准达成协议的各方研究是否可使用这些文件的最新版本。凡是不注日期的引用文件,其最新版本适用于本标准。

GB/T 6194 水果、蔬菜可溶性糖测定法

GB/T 13607 苹果、柑橘包装

GB 18406.2 农产品安全质量 无公害水果安全要求

3 术语和定义

下列术语和定义适用于本标准。

3.1 干制红枣 dried Chinese jujnbe

达到完熟期的枣果采收后经自然晾晒或人工烘干而成的枣产品。

3.2 完熟期 full maturity

枣果完全着色变红到生理上完全成熟的一段时期。此期果皮红色加深,果肉变软,果实失水皱缩。此期采收适宜干制红枣。

3.3 品种特征 caltivar characterlstlcs

不同枣品种的干制红枣在果实形状、大小、色泽、皱纹深浅等方面的特征。

3.4 大枣和小枣 big fruit cultivars and small fruit cultivars

按果实大小将中品种分为两类,果实较大的一类为大枣品种,果实较小的一类为小枣品种。一般小枣品种平均单果重(脆熟期鲜重)小于 8 g。

3.5 果大小 fruit size

干制红枣果实体积的大小。枣品种繁多,各品种间果实大小差异很大。

果个大小只限于同一品种内比较,可分为果个大、果个较大、果个中等、果个较小四个级别。

3.6 色泽 skin luster

干制红枣果皮红色的深浅和光泽度。

a)色泽好 干制的红枣果皮颜色一致,深红或紫红,鲜艳有光泽。

b)色泽较好 干制的红枣果皮颜色基本一致,紫红或红,有光泽。

c)色泽一般 干制的红枣果皮颜色较一致,红色较浅,光泽度差。

d)色泽差 干制的红枣果皮颜色为黄红色,无光泽。

3.7 果形 fruit shape

干制红枣果实的外观形态。

a)果形饱满果实丰满,皱纹少而浅,果肉肥厚,有弹性。

b)果形较饱满果实较丰满,皱纹较多较深,果肉较肥厚,弹性较好。

c)果形不饱满果实不丰满,弹性较差。

3.8 浆烂 decay

枣果发霉浆烂。

3.9 破头 skin crack

果实出现长度超过果实纵径 1/5 以上的裂口,但裂口处没有发生霉烂。

3.10 干条 dried immatore fruit

由不成熟的果实干制而成,果形干瘦,果肉很不饱满,质地坚硬,无弹性,色泽黄,无光泽。

3.11 油头 dark or oiled skin spot

果实上出现颜色发暗似油浸状的斑块。

3.12 虫果 insect fruit

被害虫危害的枣果。

3.13 病果 disease fruit

带有病斑的果实。由于在生长季枣果实上发生缩果病(铁皮病)、炭疽病、福斑病等危害果实的病害,制干后干枣上仍留有病斑。患缩果病(铁皮病)的干制红枣病斑部分干缩微凹,果皮暗红,果肉黄褐色、质硬,味甚苦,不能食用。

3.14 果形完整 uniformlty in shape

果实形态完整,无缺损。

3.15 果实异味 odder favour or odour

果实有不正常气味或口味。

3.16 **果实含水率** water content

果实的水分含量。

3.17 **杂质** foreign material

除枣果外的任何其他物质,如沙土石粒、枝段、碎叶、金属物或其他外来的各种物质。

3.18 **挤压变形** distortion

由于严重挤压导致干制红枣果形发生改变,不能保持自然晾晒或人工烘制后的果形状态。

3.19 **串等果** mixed fruit

不属于本等级的枣果。

3.20 **缺陷果** defect fruit

在外观和内在品质等方面有缺陷的果实,主要指腐烂果裂口果、黑斑果、锈斑果、浆头、油头、破头、虫蛀果、病果、机械伤果、挤压变形果及其他伤害等。

3.21 **容许度** tolerance

某一等级果中允许其他等级果占有的比例。

4 要求

4.1 质量等级

按照干制红枣果实大小、色泽等质量指标将其划分为特级、一级、二级、三级 4 个等级,分级标准见表1。未列入以上等级的果实为等外果。

4.2 安全卫生要求

按 GB 18406.2 规定执行。

5 检验方法

5.1 外观和感官特性

5.1.1 外观特性

将样品放在干净的平面上,在自然光下通过目测观察枣果的形状、颜色、光泽、果个大小的均匀程度、有无外来水分等。

5.1.2 缺陷果

逐个检查样品果有无缺陷,同一果上有两项或两项以上缺陷时,只记录对品质影响最重的一项。根据式(1)计算缺陷果所占比率:

$$Q = N_1/N_2 \times 100\% \tag{1}$$

式中　Q——缺陷果百分率,%;

　　　N_1——缺陷果个数,单位为个;

　　　N_2——样品果总数,单位为个。

表 1　干制红枣质量等级标准

项目	等级			
	特级	一级	二级	三级
基本要求	品种一致,具有本品种特征,果形完整,小枣含水量不高于28%,大枣含水量不高于25%,无大的沙土石粒、枝段、金属等杂质,无异味,几乎无尘土			
果形	果形饱满	果形饱满	果形粒饱满	果形不饱满
果实色泽	色泽良好	色泽较好	色泽一般	色泽差
果个大小[a]	果个大,均匀一致	果个较大,均匀一致	果个中等,较均匀	果个较小,不均匀
总糖含量	≥75%	≥70%	≥65%	≥60%
缺陷果	无虫果、无紫烂、无干条,油头和破头之和不超过2%,病果不超过1%	无干条,病虫果不超过2%,紫烂、油头和破头之和不超过3%	病果不超过2%,紫烂、油头和破头之和不超过5%,干条不超过5%	病果不超过2%,紫烂、油头和破头之和不超过10%,干条不超过10%
杂质含量	不超过0.1%	不超过0.3%	不超过0.5%	不超过0.5%

　　a.品种间果个大小差异很大,每千克果个数不作统一规定,各地可根据品种特性,按等级自行规定。主要枣品种干制红枣的果个大小分级标准参见附录A。

5.1.3　杂质

取不低于 10 kg 样品,统计灰尘。石粒、碎枝烂叶、金属等所有杂质的重量,根据式(2)计算杂质所占比率:

$$Z = m_1/m_2 \times 100\% \tag{2}$$

式中　Z——杂质百分率,%;

　　　m_1——杂质总重量,单位为克(g);

　　　m_2——样品总重量,单位为克(g)。

5.1.4　异味

将样品取出,或打开包装,直接用嗅觉闻和用口品尝,检查是否有异味和苦味。

5.1.5　每千克枣果个数

用天平(感量为 0.1 g)准确称取 800~1 000 g 枣果,统计枣果个数,计算每千克枣果个数。重复 5 次。样品果实的含水率如果低于要求的含水率最大值,可以将样品果重折合成最大允许含水量时的果实重。

5.1.6　串等果及其比例

根据果个大小、色泽、果形指标,确定串等果。各级串等果的果重占样品总重的百分率即为该级串等果所占比例。

5.2　内在品质

5.2.1　果实含水率

取干制红枣样品 200~250 g,切开果肉,去除枣核,将果肉切成薄片放在天平(感量为 0.1 g)上称重,然后将果肉放入 60~65 ℃烘箱中烘至恒重后再称重,按式(3)计算含水率:

$$W = (m_1 - m_2)/m_1 \times 100\% \tag{3}$$

式中　W ——果实含水率,%;

　　　m_1——烘前果肉重,单位为克(g);

　　　m_2——烘后果肉重,单位为克(g)。

5.2.2　总糖含量

按 GB/T 6194 规定执行。

5.2.3　安全卫生指标检验

按 GB 18406.2 规定执行。

6　检验规则

6.1　检验批次

同品种、同等级、同一批交货进行销售和调运的干制红枣为一个检验批次。

6.2　抽样方法

在一个检验批次的不同部位按规定数量进行抽样,抽取的样品应具有代表性。

6.3　抽样数量

每批次干制红枣的抽样数量见表 2。如果在检验中发现问题或遇特殊情况,经交接货双方同意,可适当增加抽样数量。

表 2　每批次干制红枣的抽样数量

每批件数(件)	抽样件数
≤100	5 件
101~500	以 100 件抽检 5 件为基数,每增加 100 件抽 2 件
501~1 000	以 500 件抽检 13 件为基数,每增加 100 件抽 1 件
>1 000	以 1 000 件抽检 18 件为基数,每增加 200 件抽 1 件

6.4　取样

包装抽出后,自每件包装的上、中、下三部分共抽取祥品 300~500 g,根据检测项目的需要可适当加大样品数量,将所有样品充分混合,按四分法分取所需样品供检验使用。

6.5　容许度

在果形、色泽、大小等指标上允许有串等果。各级允许的串等果只能是邻级果。

a)特级中允许有 5%的一级枣果。

b)一级中允许有 7%的串等果。

c)二级中允许有 10%的串等果。

d)三级中允许有 10%的二级果和 10%的等外果。

6.6　判定规则

检验结果全部符合本标准规定的,判定该批产品为合格品。若检验时出现不合格项时,允许加倍抽样复检,如仍有不合格项即判定该批产品不合格。卫生指标有一项不合格即判为不合格,不得复检。

7　包装、标志、运输和贮存

7.1　包装

包装容器应坚固、干净、无毒、无污染、无异味。包装材料可用瓦楞纸箱(其技术要求应符合 GB/T 13607 的规定)或塑料箱,不允许使用麻袋和尼龙袋。干制红枣可先装入小塑料袋中密封包装,再放在纸箱或塑料箱中。塑料袋密封包装宜采用 0.5~3 kg 的小包装,包装内可放有袋装的干燥剂,但要特别注明,避免误食。纸箱包装宜采用 5~10 kg 的包装。包装容器内不得有枝、叶、砂、石、尘土及其他异物。内衬包装材料应新而洁净、无异味,且不会对枣果造成伤害和污染。

7.2　标志

在包装上打印或系挂标签卡,标明产品名称、等级、净重、产地、包装日期、包装者或代号生产单位等。已注册商标的产品,可注明品牌名称及其标志。同一批货物,其包装标志应统一。

7.3　运输

待运时,应按品种、等级分别堆放。运输工具应清洁卫生、无异味。不得与有毒有害物品混运。装卸时应轻放。待运和运输过程中严禁烈日暴晒、雨淋,注意防潮。

7.4　贮存

贮存场所应干燥、通风良好、洁净卫生、无异味。也可在低温冷库(0~10℃)存放。不得与有毒、有害物品混合存放。贮存时需标明贮存期限。贮存过程中要定期检查,以防发生腐烂霉变、虫蛀和鼠害等现象。

附　录　A
(资料性附录)

主要品种干制红枣果个大小分级标准

表 A.1

品种	每千克果个数(个/kg)				
	特级	一级	二级	三级	等外果
金丝小枣	<260	260~300	301~350	351~420	>420
无核小枣	<400	400~510	511~670	671~900	>900
婆枣	<125	125~140	141~165	166~190	>190
圆铃枣	<120	120~140	141~160	161~180	>180
扁核酸	<180	180~240	241~300	301~360	>360
灰枣	<120	120~145	146~170	171~200	>200
赞皇大枣	<100	100~110	111~130	131~150	>150

核桃坚果质量等级

（GB 20398—2006）

1　范围

本标准规定了核桃坚果的术语和定义、要求、试验方法、检验规则、分级、包装、标志、贮藏与运输。本标准适用于核桃（Juglans regia Linne）和铁核桃（J. sgillata Dode）坚果的生产和销售。

2　规范性引用文件

下列文件中的条款通过本标准的引用而成为本标准的条款。凡是注日期的引用文件，其随后所有的修改单（不包括勘误内容）或修订版均不适用于本标准，然而，鼓励根据本标准达成协议的各方研究是否可使用这些文件的最新版本。凡是不注日期的引用文件，其最新版本适用于本标准。

　　GB/T 5009.3—2003　食品中水分的测定

　　GB/T 5009.5—2003　食品中蛋白质的测定

　　GB/T 5009.6—2003　食品中脂肪的测定

　　GB 16325　干果食品卫生标准

　　GB 16326　坚果食品卫生标准

3　术语和定义

下列术语和定义适用于本标准。

3.1　**优种核桃** fine variety walnut

采用优良品种经无性繁殖所生产的核桃坚果。

3.2　**实生核桃** seedling walnut

采用种子繁殖所生产的核桃坚果。

3.3　**坚果横径** cross diameter of nut

核桃坚果中部缝合线之间的距离。

3.4　**平均果重** single nut weight

核桃坚果的平均重量，以克（g）计。

3.5　**出仁率** kernel percentage

核仁重占核桃坚果重的比率。

3.6　缝合线紧密度 shell seal scale

核桃坚果缝合线开裂的难易程度。

3.7　出果油率 oil-oozing nut rate

种仁内出油脂氧化酸败,挥发出异味,并出现核桃坚硬表面出现油化的果占共测果数的百分率。

3.8　空壳果率 no-kernel nut rate

无仁或种仁干瘪的核桃坚果数占共测果数的百分率。

3.9　破损果率 damaged nut rate

外壳破裂的核桃坚果数占共测果数的百分率。

3.10　黑斑果率 dirty nut rate

核桃坚果外壳上残留青皮或单宁氧化和病虫害造成的黑斑果数占共测果数的百分率。

3.11　含水率 water content rate

核桃坚果中水分占坚果总重量的比率。

4　产品分级

核桃坚果的质量分为四级。分级指标见表1。

表 1　坚果核桃质量分级指标

项目		特级	Ⅰ级	Ⅱ级	Ⅲ级
基本要求		坚果充分成熟,壳面洁净,缝合线紧密,无露仁、虫蛀、出油、霉变、异味等果。无杂质,未经有害化学漂白处理			
感官指标	果形	大小均匀,形状一致	基本一致	基本一致	
	外壳	自然黄白色	自然黄白色	自然黄白色	自然黄白或黄褐色
	种仁	饱满,色黄白,涩味淡	饱满,色黄白,涩味淡	较饱满,色黄白,涩味淡	较饱满,色黄白或浅琥珀色,稍涩

续表1

项目		特级	Ⅰ级	Ⅱ级	Ⅲ级
物理指标	横径(mm)	≥30.0	≥30.0	≥28.0	≥26.0
	平均果重(g)	≥12.0	≥12.0	≥10.0	≥8.0
	取仁难易度	易取整仁	易取整仁	易取半仁	易取四分之一仁
	出仁率(%)	≥53.0	≥48.0	≥43.0	≥38.0
	空壳果率(%)	≤1.0	≤2.0	≤2.0	≤3.0
	破损果率(%)	≤0.1	≤0.1	≤0.2	≤0.3
	黑斑果率(%)	0	≤0.1	≤0.2	≤0.3
	含水率(%)	≤8.0	≤8.0	≤8.0	≤8.0
化学指标	脂肪含量(%)	≥65.0	≥65.0	≥60.0	≥60.0
	蛋白质含量(%)	≥14.0	≥14.0	≥12.0	≥10.0

5 要求

5.1 卫生指标

按国家食品卫生法规和 GB 16325、GB 16326 的规定执行。对产品检疫,按国家质量监督检验检疫总局有关规定执行。

6 试验方法

6.1 感官指标

在核桃样品中,随机取样 1 000 g(±10 g),铺放在洁净的平面上,目测观察核桃果壳的形状色泽,并砸开取仁,品尝种仁风味,涩味感觉不明显为涩味淡,涩味感觉明显但程度较轻为稍涩。观察记录种仁色泽及饱满程度。

6.2 物理指标

6.2.1 横径

在核桃初样中,按四分法取 500 g(±10 g),用千分卡尺逐个测量横径并进行算术平均,按式(1)计算横径。

横径$(D) = \sum$ 样品中每个核桃坚果的横径$(D) /$ 样品核桃坚果个数(N)

(1)

6.2.2　平均果重

在核桃初样中,按四分法取 1 000 g(±10 g),用感量为 1/10 的天平称重,并进行算术平均,按式(2)计算平均果重。

$$平均果重(\overline{G}) = 样品核桃坚果总重量(G) / 样品核桃坚果个数(N) \quad (2)$$

6.2.3　取仁难易度

将抽取核桃砸开取仁,若内褶壁退化,能取整仁的为取仁极易;若内褶壁不发达,可取半仁的为取仁容易;若内褶壁发达,能取 1/4 仁为取仁较难。

6.2.4　出仁率

从核桃初样中,随机抽取样品 1 000 g(±10 g),逐个取仁,用感量为 1/100 的天平称取仁重和坚果重,计算仁重与坚果重之比,换算百分数,精确到 0.01,修约至一位小数。

$$出仁率(R) = 样品中所取仁重量(G_1) / 样品核桃坚果总重量(G) \times 100\%$$
$$(3)$$

6.2.5　空壳果率

在核桃样品中,随机取样 1 000 g(±10 g),铺放在洁净的平面上,将空壳果挑出记其数量,按式(4)计算空壳果数占共测果数的百分率。

$$空壳果率(K) = 样品中的空壳果数(N_1) / 样品核桃坚果个数(N) \times 100\%$$
$$(4)$$

6.2.6　破损果率

在核桃样品中,随机取样 1 000 g(±10 g),铺放在洁净的平面上,将破损果挑出记其数量,按式(5)计算破损果数占共测果数的百分率。

$$破损果率(P) = 样品中的破损果数(N_2) / 样品核桃坚果个数(N) \times 100\%$$
$$(5)$$

6.2.7　黑斑果率

在核桃样品中,随机取样 1 000 g(±10 g),铺放在洁净的平面上,将黑斑果挑出记其数量,按式(6)计算黑斑果数占共测果数的百分率。

$$黑斑果率(H) = 样品中的黑斑果数(N_3) / 样品核桃坚果个数(N) \times 100\%$$
$$(6)$$

6.2.8　含水率

在核桃样品中,随机取样 1 000 g(±10 g),按 GB/T 5009. 3—2003 中的直接干燥法执行。

6.3　化学指标

6.3.1　蛋白质含量

在核桃样品中,随机取样 1 000 g(±10 g),按 GB/T 5009.5—2003 测定蛋白质含量。

6.3.2　脂肪含量

在核桃样品中,随机取样 1 000 g(±10 g),按 GB/T 5009.6—2003 测定脂肪含量。

7　抽样与判定

7.1　组批

同批收购、调运、销售的同品种、同等级核桃坚果,作为同一批产品。

7.2　抽样

同一批产品的包装单位不超过 50 件时,抽取的包装单位不少于 5 件。多于 50 件时,每增加 20 件时应随机增抽一个包装单位。从包装单位抽取 500 g 以上,作为初样,总量不小于 4 000 g,将所抽取的核桃初样充分混匀,用四分法从中抽取 1 000 g 作为平均样品,同时抽取备样。

7.3　判定

检验项目有一项不合格时,应加倍抽样进行复检,复检结果仍不合格时,则判定该产品不符合相应等级。

8　包装、标志、贮藏和运输

8.1　包装

核桃坚果一般用麻袋包装,麻袋要结实、干燥、完整、整洁卫生、无毒、无污染、无异味。壳厚小于 1 mm 的核桃坚果可用纸箱包装。

8.2　标志

麻袋包装袋上应系挂卡片,纸箱上要贴上标签,均应标明品名、品种、等级、净重、产地、生产单位名称和通讯地址、批次、采收年份、封装人员代号等。

8.3　贮藏

核桃坚果产品贮藏的仓库应干燥、低温(0~4 ℃)、通风,防止受潮。核桃坚果入库后要在库房中加强防霉、防污染、防虫蛀、防出油、防鼠等措施。

8.4　运输

核桃坚果在运输过程中,应防止雨淋、污染和剧烈碰撞。

花　椒

（GB/T 30391—2013）

1　范围

本标准规定了鲜花椒、冷藏花椒、干花椒和花椒粉的质量指标、试验方法、检验规则包装、标志和贮运要求。

本标准适用于作为食品调味料用的花椒（Zanthoxylum bungeanum Maxim. ）、竹叶椒（Z. crmatum DC. ）和青椒（Z. schini folium Sieb. et Zucc）的质量评定及其贸易。

2　规范性引用文件

下列文件对于本文件的应用是必不可少的。凡是注日期的引用文件，仅注日期的版本适用于本文件。凡是不注日期的引用文件，其最新版本（包括所有的修改单）适用于本文件

GB 4789.3　食品安全国家标准 食品微生物学检验 大肠菌群计数

GB/T 4789.16　食品卫生微生物学检验 常见产毒霉菌的鉴定

GB/T 4789.32　食品卫生微生物学检验 大肠菌群的快速检测

GB/T 5009.11　食品中总砷及无机砷的测定

GB 5009.12　食品安全国家标准 食品中铅的测定

GB/T 5009.15　食品中镉的测定

GB/T 5009.17　食品中总汞及有机汞的测定

GB/T 5009.20　食品中有机磷农药残留量的测定

GB/T 12729.2　香辛料和调味品取样方法

GB/T 12729.3　香辛料和调味品 分析用粉末试样的制备

GB/T 12729.5　香辛科和调味品 外来物含量的测定

GB/T 12729.6　香辛料和调味品 水分含量的测定（蒸馏法）

GB/T 12729.7　香辛料和调殊品 总灰分的测定

GB/T 12729.12　香辛料和调味品 不挥发性乙醚抽提物的测定

GB/T 17527　胡椒精油含量的测定

3　术语和定义

下列术语和定义适用于本文件。

3.1　花椒 prickly ash

花椒（Zanthoxylum bungeanum Maxim.）、竹叶椒（Z. arrmatum DC.）和青椒（Z. schinifoliumSieb. et Zucc.）的果皮。

3.2　鲜花椒 fresh prickly ash

未干制的新鲜花椒。

3.3　冷藏花椒 fresh keeping of prickly agh

经杀青、冷藏的鲜花椒。

3.4　干花椒 dried prickly ash

晒干或干燥后的花椒。

3.5　花椒粉 prickly ash powder

干燥花椒经粉碎得到的粉状物。

3.6　过油椒 fried prickly ash

提取了花椒油素或经过油炸后的花椒。

3.7　闭眼椒 closed exocarp of prickly ash

干燥后果皮未开裂或开裂不充分、椒籽不能脱出的花椒果实。

3.8　霉粒 moldy prickly ash

霉变的花椒果实。

3.9　色泽 color and luster

成品花椒固有的颜色与光泽。

3.10　杂质 impurity

除花椒果实、种籽、果梗以外的所有物质。

3.11　外加物 foreign matter

来自外部、不是花椒果实固有的物质，包括染色剂及其他人为添加物。

4　采收、干制

4.1　采收

鲜花椒采收时，应根据品种和级别要求确定具体采收时间。可手摘或剪采。鲜花椒可采带花椒复叶 1～2 个；干制花椒只采摘伞状、总状果穗或果实。

4.2　干制

采用晾晒或加热（50～60 ℃）干燥进行干制，晾晒时应将鲜花椒摊平于洁净、无污染的场所。

5 要求

5.1 分级

以花椒精油含量为依据,将鲜花椒、冷藏花椒、干花椒、花椒粉分为一、二两个等级。

5.2 感官指标

花椒及花椒粉的感官指标应符合表1的要求。

表1 鲜花椒、冷藏花椒、干花椒和花椒粉感官指标

项目	鲜花椒及冷藏花椒	干花椒	花椒粉
油腺形态	油腺大而饱满	油腺凸出,手握硬脆	—
色泽	青花椒呈鲜绿或黄绿色;红花椒呈绿色、鲜红色或紫红色	青花椒褐色或绿褐色;红花椒鲜红色或紫红色	青花椒粉为棕褐色或灰褐色;红花椒粉为棕红或褐红色
气味	气味清香、芬芳,无异味	清香、芬芳,无异味	芬芳,舌感麻味浓,刺舌
杂质	无刺、霉腐粒,具种子,或果穗具1~2片复叶及果穗柄	闭眼椒、椒籽含量≤8%,果梗≤3%,霉粒≤2%,无过油椒	—

5.3 理化指标

花椒及花椒粉理化指标应符合表2的要求。

表2 鲜花椒、冷藏花椒、干花椒、花椒粉理化指标

项目		鲜花椒及冷藏花椒		干花椒		花椒粉	
		一级	二级	一级	二级	一级	二级
精油(mL/100 g)	≥	0.9	0.7	3.0	2.5	2.5	1.5
不挥发性乙醚提取物(质量分数)(%)	≥	1.8	1.6	7.5	6.5	7.0	5.0
水分(质量分数)(%)	≤	80.0		9.5	10.5	10.5	
总灰分(质量分数)(%)	≤	3.0		5.5		4.5	
杂质(质量分数)(%)	≤	10.0		5.0		2.0	
外加物		不得检出					

5.4　卫生指标

花椒卫生指标应符合表 3 的要求。

表 3　鲜花椒、冷藏花椒、干花椒、花椒粉理化指标

项目		指标		检验方法
		鲜花椒及冷藏花椒	干花椒及花椒粉	
总砷（mg/kg）	≤	0.07	0.30	GB/T 5009.11
铅（mg/kg）	≤	0.42	1.86	GB/T 5009.12
镉（mg/kg）	≤	0.11	0.50	GB/T 5009.15
总汞（mg/kg）	≤	0.01	0.03	GB/T 5009.17
马拉硫磷（mg/kg）	≤	1.82	8.00	GB/T 5009.20
大肠杆菌（MPN/100g）	≤	30		GB/T 4789.32
霉菌（CFU/g）	≤	10 000		GB/T 4789.16
致病菌（肠道致病菌及致病情球菌）	≤	不得检出		

6　试验方法

6.1　取样方法及试样制备

按照 GB/T 12729.2 或 7.1 执行。粉末试样制备按 GB/T 12729.3 执行。

6.2　感官检验

观察样品的色泽油腺形态、果形,有无霉粒、过油椒、杂质;鼻嗅或品尝其滋味;手感粗糙硬脆、易碎者含水量适宜,反之含水量高;湿手撮捏椒粒,若手指染红或沾黏糊状物,表明花椒含有添加物;若内果皮呈红色或紫红色,表明含有染色剂。

6.3　杂质的测定

按 GB/T 12729.5 的规定执行。

6.4　水分含量的测定

按 GB/T 12729.6 的规定执行。

6.5　花椒精油的测定

按 GB/T 17527 的规定执行。

6.6　总灰分的测定

按 GB/T 12729.7 的规定执行。

6.7　不挥发性乙醚抽提物的测定

按 GB/T 12729.12 的规定执行。

6.8　异物的检验

6.8.1　等体积称检验

用量筒分别量取花椒标准样、待检验花椒样品各 200 mL,分别称重,若花椒样品重量大于标准样的 5% 时,表明花椒样品含异物。

6.8.2　浸泡检验

称取待检验花椒样品 20 g,置于烧杯中,加入 100 mL 水,浸泡 20 min 后,若椒粒变形、水浑浊或变色,表明花椒含染色剂或异物。

6.9　卫生指标检验

按 GB 4789.3、GB/T 4789.16、GB/T 5009.11、GB 5009.12、GB/T 5009.15、GB/T 5009.17、GB/T 5009.20 的规定执行。

7　检验规则

7.1　取样

7.1.1　组批

同品种、同等级、同生产日期、同一次发运的花椒产品为一批,凡品种混杂、等级混淆、包装破损者,由交货方整理后再进行抽检。

7.1.2　抽样

成批包装的花椒按 GB/T 12729.2 取样,散装花椒应随机从样本的上、中、下抽取小样,混合小样后再从中抽取实验室样品,未加工的鲜花椒和干花椒的实验室样品总量不得少于 2 kg,花椒粉的取样量不少于 500 g;批量在 1 000 kg 以上的货物抽取 0.5%、500～1 000 kg 取 1%、200～500 kg 取 2%、200 kg 以下取 2 kg 的混合小样。

7.2　检验类别和判定规则

7.2.1　出厂检验

出厂检验项目为感官、水分、挥发油、总灰分和杂质。

7.2.2　型式检验

型式检验项目为第 5 章的全部项目。正常生产每 6 个月进行一次型式检验。

此外有下列情形之一时,也应进行型式检验:

a)新产品鉴定;

b)原辅材料、工艺有较大改变,影响产品质量;

c)产品停产 6 个月以上,重新恢复生产;

d)出厂检验与前一次型式检验结果有较大差异。

7.2.3 判定规则

7.2.3.1 出厂检验及判定规则

出厂检验项目全部符合标准的,判定为合格。

出厂检验项目如有一项或一项以上不符合标准的,可在同批产品中加倍抽样复验,复验后仍不符合的,按实测结果定级或判为不合格。

7.2.3.2 型式检验判定规则

型式检验项目全部符合标准要求时,判该批产品型式检验合格;型式检验项目有一项及以上项目不合格,可取备样复验,复验后仍不符合标准要求的,判该批产品型式检验不合格。

8　标志

下列各项应直接标注在包装上:

(a)品名、等级、产地;

(b)生产企业名址 、电话;

(c)保质期、合格标志;

(d)净重;

(e)生产日期。

9　包装、贮存和运输

9.1　包装

包装材料应符合食品卫生要求。内包装应用聚乙烯薄膜袋(厚度≥0.18 mm)密封包装,外包装可用编织袋、麻袋、纸箱(盒)、塑料袋或盒等。所有包装应封口严实、牢固、完好、洁净。

9.2　贮存和运输

9.2.1　贮存

9.2.1.1　冷藏花椒

冷藏花椒应在 $-5 \sim -3$ ℃下冷藏。冷库应干燥、洁净,不得与有毒、有异味的物品混放。

9.2.1.2　干花椒、花椒粉

常温贮存,库房应通风、防潮,垛高不超过 3 m,严禁与有毒害、有异味的

物品混放。

9.2.2 运输

运输途中应防止日晒雨淋,严禁与有毒害、有异味的物品混运;严禁使用受污染的运输工具装载。冷藏花椒在运输中应保持在 25 ℃下。

绿色食品:猕猴桃

(NY/T 425—2000)

1 范围

本标准规定了绿色食品猕猴桃的定义、要求、试验方法、检验规则、标志、标签、包装、运输及贮存。

本标准适用于 A 级绿色食品猕猴桃的生产和流通。本标准所指的猕猴桃包括猕猴桃属的各品种、变种及变型。

2 引用标准

下列标准所包含的条文,通过在本标准中引用而构成为本标准的公文。本标准出版时,所示版本为有效。所有标准都会被修订,使用本标准的各方应探讨使用下列标准最新版本的可能性。

GB/T 5009.11—1996　食品中总砷的测定方法

GB/T 5009.12—1996　食品中铅的测定方法

GB/T 5009.15—1996　食品中镉的测定方法

GB/T 5009.17—1996　食品中汞的测定方法

GB/T 5009.18—1996　食品中氟的测定方法

GB/T 5009.19—1996　食品中六六六、滴滴涕残留量的测定方法

GB/T 5009.20—1996　食品中有机磷农药残留量的测定方法

GB 7718—1994　食品标签通用标准

GB/T 8855—1988　新鲜水果和蔬菜的取样方法

GB/T 12293—1990　水果、蔬菜制品可滴定酸度的测定

GB/T 12295—1990　水果、蔬菜制品可溶性固形物含量的测定折射仪法

GB/T 12392—1990　蔬菜、水果及其制品中总抗坏血酸的测定方法荧光法和 2,4 - 二硝基苯肼法

GB/T 13108—1991 植物性食品中稀土的测定方法

CB/T 14929.4—1994 食品中氯氰菊酯、氰戊菊酯和溴氰菊酯残留量测定方法

NY/T 391—2000 绿色食品产地环境技术条件

NY/T 391—2000 绿色食品农药使用准则

3 定义

本标准采用下列定义。

3.1 绿色食品 green food

见 NY/T 391—2000 中 3.1。

3.2 A 级绿色食品 A grade green food

见 NY/T 391—2000 中 3.3。

3.3 生理成熟 Physiological ripe

果实已达到能保证正常完成熟化过程的生理状态。

3.4 后熟 full ripe

达到生理成熟的果实采收后,经一定时间的贮存使果实达到质地变软、出现芳香味的最佳食用状态。

3.5 斑迹 spot

果面的各种病斑、变色斑、疤痕、蚧痕、菌迹、药迹等。

3.6 损伤 damage

果实的各种碰压伤、摩擦伤、日灼伤、冻伤、发育性裂口等。

3.7 腐烂果 decay fruit

果实遭受病原物的侵染,细胞的中胶层被病原物分泌的酶所分解,导致细胞分离、内部组织溃败,丧失食用价值的果实。

3.8 畸形果 deformity fruit

果实明显变形,不具有本品种果形的固有特征。

3.9 缺陷果 defect fruit

果面有斑迹,或果实有损伤、畸形、腐烂的果实。

3.10 洁净 clean

果实上无污染物、尘土及其他外来杂质。

3.11 果形良好 fruit form food

果形具有本品种的固有特征,但允许有部分轻度凸凹或粗糙,而不影响外观。

4　要求

4.1　产地环境要求

应符合 NY/T 391 规定。

4.2　感官要求

4.2.1　果形:具该品种特征果形,果形良好,无畸形果。

4.2.2　色泽:全果着色,色泽均匀,具该品种特征色泽。

4.2.3　果面:果面洁净,无损伤及各种斑迹。

4.2.4　果肉:多汁,软硬适度,具该品种特征特色。

4.2.5　风味:酸甜适度,香或清香。

4.2.6　成熟度:应达到生理成熟,或完成后熟。

4.2.7　缺陷果容许度

4.2.7.1　批次产品中缺陷果不超过 4%,其中腐烂果不超过 1%。

4.2.7.2　缺陷果百分数(%)以果实个数为单位进行计算。

4.2.7.3　腐烂果在产品提供给消费者前应剔除。

4.3　理化要求

理化要求应符合表 1 规定。

表 1　理化要求

项目		指标
可溶性固性物(%)	生理成熟果	≥6
	后熟果	≥10
固酸比	生理成熟果	≥6:1.5
	后熟果	≥10:1.5
维生素 C(mg/kg)		≥1 000
果实纵径(mm)		≥50
单果重(g)		≥80
总酸量(以柠檬酸计)(%)		≤1.5

4.4　卫生要求

卫生要求应符合表 2 规定。

表2　卫生要求　　　　　　　　（单位:mg/kg）

项目	指标
砷(以 As 计)	≤0.2
铅(以 Pb 计)	≤0.2
镉(以 Cd 计)	≤0.01
汞(以 Hg 计)	≤0.01
氟(以 F 计)	≤0.5
稀土	≤0.7
六六六	≤0.05
滴滴涕	≤0.05
乐果	≤0.5
敌敌畏	≤0.1
对硫磷	不得检出
马拉硫磷	不得检出
甲拌磷	不得检出
杀螟硫磷	≤0.2
倍硫磷	≤0.02
氯氰菊酯	≤1
溴氰菊酯	≤0.02
氰戊菊酯	≤0.1

注:其他农药使用方式及其限量应符合 NY/T 393 的规定。

5　试验方法

5.1　感官试验

从样品中随机抽取 100 枚猕猴桃,按 4.2 的要求做感官检验。缺陷果容许度按下述方法:从样品中随机抽取 100 枚猕猴桃,检出缺陷果,计数,计算缺陷果百分数。再从缺陷果中检出腐烂果,计数,计算腐烂果百分数。

5.2　可溶性固形物测定

按 GB/T 12295 规定执行。

5.3　总酸度测定

按 GB/T 12293 规定执行。

5.4　固酸比计算

固酸比按式(1)计算：

$$X = S/A \tag{1}$$

式中　X——固酸比，计算结果值小数点后保留一位数；

　　　S——可溶性固形物含量，%；

　　　A——总酸量，%。

5.5　维生素 C 测定

按 GB/T 12392 规定执行。

5.6　单果重测定

从样品中随机取 10 个单果，用感量 0.1 g 的天平称重，称量结果保持小数点后一位数，测定结果以单果重范围表示，即"最小值～最大值"。

5.7　果实纵径测量

从样品中随机抽取 10 个单果，用水果刀将果实从果蒂至果顶破开，用游标卡尺测量果蒂至果顶的距离（精确至 1 mm），即为果实纵径。测定结果以果实纵径范围表示，即"最小值～最大值"。

5.8　砷的测定

按 GB/T 5009.11 规定执行。

5.9　铅的测定

按 GB/T 5009.12 规定执行。

5.10　镉的测定

按 GB/T 5009.15 规定执行。

5.11　汞的测定

按 GB/T 5009.17 规定执行。

5.12　氟的测定

按 GB/T 5009.18 规定执行。

5.13　稀土的测定

按 GB/T 13108 规定执行。

5.14　六六六、滴滴涕的测定

按 GB/T 5009.19 规定执行。

5.15　乐果、敌敌畏、对硫磷、马拉硫磷、甲拌磷、杀螟硫磷、倍硫磷的测定

按 GB/T 5009.20 规定执行。

5.16　氯氟菊酯、溴氰菊酯、氰戊菊酯的测定

按 GB/T 14929.4 规定执行。

6　检验规则

6.1　组批规则

按 GB/T 8855 规定执行。

6.2　抽样方法

按 GB/T 8855 规定执行。

6.3　型式检验

型式检验是对产品进行全面考核,即对本标准规定的全部要求(指标)进行检验。有下列情形之一者应进行型式检验:

a)申请绿色食品标志的产品;

b)前后两次出厂检验结果差异较大;

c)因人为或自然因素使生产环境发生较大变化;

d)国家质量监督机构或主管部门提出型式检验要求。

6.4　交收试验

每批产品交收前,生产单位都应进行交收检验。交收检验的内容包括包装、标志、标签、缺陷果容许度、感官及单果重。安全卫生指标应根据土壤环境背景值及农药施用情况选测。检验合格并附合格证的产品方可交收。

6.5　判定规则

6.5.1　无论交收检验或型式检验,一项指标检验不合格,则该批产品为不合格产品。单果重及果实纵径以最小值为判定数据。

6.5.2　为确保理化、卫生项目检验不受偶然误差影响,凡某项目检验不合格,应另取一份样品复检,若仍不合格,则判该项目不合格,若复检合格,则应再取一份样品做第二次复检,以第二次复检结果为准。

6.5.3　对包装、标志、缺陷果容许度不合格的产品,允许生产单位进行整改后申请复检。

7　标志标签

7.1　标志

7.1.1　包装箱或包装盒上应标注绿色食品标志,具体标注按有关规定执行。

7.1.2　包装箱或包装盒上应标注产品名称、数量、产地、包装日期、保存期、生产单位、储运注意事项等内容。字迹应清晰、完整、勿错。

7.2　标签

应按照 GB 7718 的规定执行,在标签上标注绿色食品标志、产品名称、单果重、果实个数或净重、包装日期、保存期、产地、生产单位、执行标准代号等内容。

8　包装、运输、贮存

8.1　包装

8.1.1　包装分箱装与盒装,箱装用于大批量(5 ~ 10 kg)果实包装,盒装用于小批量(0.5 ~ 1 kg)果实包装。

8.1.2　箱装用瓦楞纸箱,内衬垫箱纸,垫箱纸质地应细致柔软。果实应排列整齐,分层排放,每层用垫箱纸分隔。

8.1.3　盒装的盒子用厚皮纸制作,内有一种塑料薄膜巢,巢内平铺果实一层,套上水果保鲜袋,再盛入纸盒中。

8.2　运输

8.2.1　猕猴桃易碰伤、腐烂,故应冷藏运输,做到快装、快运、快卸。严禁日晒雨淋,装卸、搬运时要轻拿轻放,严禁乱丢乱掷。

8.2.2　运输工具的装运舱应清洁、无异味,水运时应防止水油入舱中。防止虫蛀、鼠咬。

8.3　贮存

猕猴桃果实宜在冷凉湿润的条件下贮存,在温度 0 ~ 2 ℃、湿度 90% 以上时可贮存 3 ~ 6 个月。常温下仅可存放约 20 天。

主要竹笋质量分级

（GB/T 30762—2014）

1　范围

本标准规定了竹笋的术语和定义、质量指标、试验方法、检验规则、标志、标签包装与贮存。

本标准适用于生产和销售的毛竹春笋、毛竹冬笋、麻竹笋、旱竹笋、绿竹笋、苦竹笋。

2　规范性引用文件

下列文件对于本文件的应用是必不可少的。凡是注日期的引用文件,仅注日期的版本适用于本文件。凡是不注日期的引用文件,其最新版本(包括所有的修改单)适用于本文件。

GB 7718 食品安全国家标准 预包装食品标签通则

GB/T 8855 新鲜水果和蔬菜 取样方法

3　术语和定义

下列术语和定义适用于本文件。

3.1　**竹笋** bamboo sboot

竹林生产的商品鲜笋。

3.2　**毛竹春笋** spring sboot of Phyllostachys pubescens

毛竹林春季生产的竹笋。

3.3　**毛竹冬笋** winter shoot of Phyllostachys pubescens

毛竹林冬季生产的竹笋。

3.4　**麻竹笋** Dendrocalamus latiflorus sboot

麻竹林生产的竹笋。

3.5　**早竹笋** Phyllostachys praecox shoot

早竹林生产的竹笋。

3.6　**绿竹笋** Dendrocalamopsis oldhami shoot

绿竹林生产的竹笋。

3.7　**苦竹笋** Pleioblastus amarus shoot

苦竹林生产的竹笋。

3.8　**单笋重量** weight of single bamboo sboot

单个笋的重量。

3.9　**笋长度** length of bamboo shoot

从笋头切口至笋尾尖部的长度。

4　质量指标

4.1　外观要求

竹笋应新鲜、饱满、无腐烂、无霉变和无病虫害斑点,切口平整。

4.2　质量分级

4.2.1　毛竹春笋

毛竹春笋质量分级指标见表1。

表1　毛竹春笋质量分级指标

等级	单笋重量(g)	笋长度(cm)	外观
一级	500～1 500	20～30	符合4.1外观要求,笋体无损伤
二级	300～3 000	20～50	符合4.1外观要求

4.2.2　毛竹冬笋

毛竹冬笋质量分级指标见表2。

表2　毛竹冬笋质量分级指标

等级	单笋重量(g)	形状	笋壳	基部
一级	250～750	两头小,呈菱形	符合4.1外观要求,笋壳紧包,黄色,无褐斑、无损伤、无裂口	基部未长根
二级	100～750	基部膨大,呈塔形	符合4.1外观要求,笋壳稍松,黄色或略带褐色,稍有斑,可稍有损伤	基部可有少量根

4.2.3　麻竹笋

麻竹笋质量分级指标见表3。

表3　麻竹笋质量分级指标

等级	单笋重量(g)	笋长度(cm)	外观
一级	1 000～2 000	20～40	符合4.1外观要求,笋体出土笋长度小于10 cm,笋壳呈金黄色,切口平整,笋体无损伤
二级	500～3 000	15～60	符合4.1外观要求,笋体出土笋长度小于25 cm
三级	≥2 000	60～120	符合4.1外观要求,笋体出土笋长度小于120 cm

4.2.4　早竹笋

早竹笋质量分级指标见表4。

表 4　早竹笋质量分级指标

等级	单笋重量(g)	笋长度(cm)	外观
一级	≥150	20～30	符合4.1外观要求,笋体无损伤
二级	≥100	15～40	符合4.1外观要求

4.2.5　绿竹笋

绿竹笋质量分级指标见表5。

表 5　绿竹笋质量分级指标

等级	单笋重量(g)	笋长度(cm)	外观
一级	250～500	≤20	符合4.1外观要求,笋壳呈金黄色,笋体未出土、马蹄状,笋体无损伤
二级	150～750	≤25	符合4.1外观要求,笋体出土变青的笋长度小于5 cm

4.2.6　苦竹笋

苦竹笋质量分级指标见表6。

表 6　苦竹笋质量分级指标

等级	单笋重量(g)	笋长度(cm)	外观
一级	≥150	20～35	符合4.1外观要求,笋体无损伤
二级	≥100	15～45	符合4.1外观要求

5　试验方法

5.1　外观质的评定

采用感官评定法:目测笋体饱满度、新鲜度色泽、腐烂、霉变、病虫害斑点等项目。

5.2　重量的测定

用精度1 g的电子秤测定。将单个笋放在电子秤上测定质量,精确到1 g。

5.3　笋长度的测定

用精度0.1 cm的尺子测定。用尺子从笋头切口中间位置沿着笋体量至笋尾尖部测定笋长度,精确到0.1 cm。

6　检验规则

6.1　批次

每一次将同产地、同时间采收的同等级、同类竹笋作为一个检验批次。

6.2　抽样方法

按照 GB/T 8855 规定执行。

6.3　判定规则

6.3.1　按本标准进行测定,检验结果全部符合本标准要求的,则判定该批次竹笋为合格产品。

6.3.2　竹笋质量分级指标有一项不合格,可重新抽取同批产品进行加倍复检,若仍不合格,则判定该批次竹笋为不合格产品。

7　标志、标签、包装与贮存

7.1　标志,标签

包装或标签上标明种类、质量、生产单位、产地、采用标准号、采收日期、保质期。标志、标签应符合 GB 7718 的规定。

7.2　包装

采用散装或容器包装。包装容器(筐、袋、箱等)应整洁牢固、透气、无污染、无异味、无霉变。

7.3　贮存

应存放在阴凉通风、清洁卫生的地方,并远离热源,防止日晒、雨淋、冻害及有害物质污染。

第五节　经济林产品标准存在的问题及建议

一、经济林产品标准存在的问题

标准体系是由一定范围内的具有内在联系的标准所组成的科学有机整体,是标准化系统内相关标准最佳秩序的体现,是编制标准、制(修)订规划和计划的主要依据之一。经济林产品标准体系的研究与构建对于提高经济林产品安全和产品质量,加强源头管理,实现标准化、规范化生产,提高经济林产品在国际上的竞争力,具有重要意义。目前经济林产品及相关标准存在的主要问题如下:

(1)标准基础研究薄弱,标准水平低。标准的制定离不开前期性基础研究,而前期性基础研究需要从长期科研、生产、管理经验中积累。标准的前期研究投入不足,科研力量薄弱,是标准工作的瓶颈。经济林产品标准应当建立在风险评估的基础上,而这一方面在林业行业部门远落后于其他部门,有的只是参考或采纳其他国家或地区、其他行业或部门的标准,与经济林产品的特殊生长环境、资源性、特殊性等存在不适合之处。

(2)标准修订不及时。现有的经济林产品涉及部门众多,由于缺乏统一的协调机构,以及相关部门和行业的体制改革,许多标准处于无人管理状态,内容陈旧,远不能适应行业发展和技术进步的要求。这与标准使用 3 ~ 5 年要修订一次的国际惯例要求相差甚远。

(3)标准分布不均衡、覆盖面窄。从标准分类看,最多的为栽培等技术规程类标准;其次为产品质量和加工类的标准。其他的标准主要涉及地理标志、检验规程(检测方法)、贮藏保鲜等,数量都较少。作为林业行业来讲,要从经济林产品的生态培育和综合利用的全过程分析,有必要建立覆盖经济林产品资源、种苗及其培育、营林造林、生态培育和防护、检验检测方法、采后物流、贮藏保鲜、产品质量安全等不同方面的标准体系。

(4)部分标准存在不一致问题。经济林产品标准本身众多,存在国家标准、行业标准,还有各地区的地方标准。制定部门不同、制定人员不同,各种原因,造成同一种产品在不同标准中会有多个不同要求版本,给标准使用者造成困惑。

二、对经济林产品标准的建议

(1)应加强与相关行业标准之间的沟通与交流。经济林产品标准体系术语属林业标准化范畴,但该体系与农业标准化体系又有许多相似之处,特别是涉及产品质量安全的,与农业、质检、食品药品、工商等部门的行业标准都有交叉,因此在制定过程中,除了考虑本行业标准外,还要充分研究其他相关行业部门的标准体系,在研制过程中要加强行业间的交流和联系,吸收相关行业部门的专家参与标准体系的构建。

(2)应加强与相关企业的交流和协作。构建标准体系指导具体标准制定,将为企业的标准化建设提供依据,对促进经济林产品产业的发展十分有益。尤其多数产品标准和方法标准应用的主体是企业,因此在具体标准的起草制定过程中要把行业内有代表性的企业吸收进来,发挥其作用,这也符合西方标准形成的市场化和自愿原则。

（3）标准制定应持续有序，并及时修订。标准制定千万不能一哄而上，一定要有轻重缓急，要根据经济林产品科学研究的水平是否较高以及生产经验是否丰富，条件成熟的树种或类别都应该尽快制定标准，以科学指导生产；对不完善或使用一段时间后不适应新要求的标准要修订，按照国际惯例，每 3 ~ 5 年要修订 1 次。

（4）标准体系的建设是随着产业和形势的发展变化，要适时进行修改完善的。要加强对质量安全标准技术、安全预警技术、风险评估技术、产地环境控制技术、生产过程控制技术、检测检验技术等方面加强研究，不断扩大和充实经济林产品标准体系。

第三章　经济林产品检测项目及检测设备

第一节　检测项目及方法

一、重金属检测方法

(一)砷

食品中总砷的测定——电感耦合等离子体质谱法

1. 原理

样品经酸消解处理为样品溶液,样品溶液经雾化由载气送入 ICP 矩管中,经过蒸发、解离、原子化和离子化等过程,转化为带电荷的离子,经离子采集系统进入质谱仪,根据质荷比进行分离。对于一定的质荷比,质谱的信号强度与进入质谱仪的离子数成正比,即样品浓度与质谱信号强度成正比。通过测量质谱的信号强度对试样溶液中的砷元素进行测定。

2. 标准溶液配制

(1)砷标准储备液(100 mg/L,按 As 计):准确称取于 100 ℃ 干燥 2 h 的三氧化二砷 0.013 2 g,加 1 mL 氢氧化钠溶液(100 g/L)和少量水溶解,转入 100 mL 容量瓶中,加入适量盐酸调整其酸度近中性,用水稀释至刻度。4 ℃ 避光保存,保存期 1 年。或购买经国家认证并授予标准物质证书的标准溶液物质。

(2)砷标准使用液(1.00 mg/L,按 As 计):准确吸取 1.00 mL 砷标准储备液(100 mg/L)于 100 mL 容量瓶中,用硝酸溶液(2 +98)稀释定容至刻度。现用现配。

(3)标准曲线的制作:吸取适量砷标准使用液(1.00 mg/L),用硝酸溶液(2 +98)配制砷浓度分别为 0.00 ng/mL、1.0 ng/mL、5.0 ng/mL、10 ng/mL、50 ng/mL 和 100 ng/mL 的标准系列溶液。

3.试样消解

1)微波消解法

蔬菜、水果等含水分高的样品,称取2.0~4.0 g(精确至0.001 g)样品于消解罐中,加入5 mL硝酸,放置30 min;粮食、肉类、鱼类等样品,称取0.2~0.5 g(精确至0.001 g)样品于消解罐中,加入5 mL硝酸,放置30 min,盖好安全阀,将消解罐放入微波消解系统中,根据不同类型的样品,设置适宜的微波消解程序,按相关步骤进行消解,消解完全后赶酸,将消化液转移至25 mL容量瓶或比色管中,用少量水洗涤内罐3次,合并洗涤液并定容至刻度,混匀。同时做空白试验。

2)高压密闭消解法

称取固体试样0.20~1.0 g(精确至0.001 g),湿样1.0g~5.0 g(精确至0.001 g)或取液体试样2.00~5.00 mL于消解内罐中,加入5 mL硝酸浸泡过夜。盖好内盖,旋紧不锈钢外套,放入恒温干燥箱,140~160 ℃保持3~4 h,自然冷却至室温,然后缓慢旋松不锈钢外套,将消解内罐取出,用少量水冲洗内盖,放在控温电热板上于120 ℃赶去棕色气体。取出消解内罐,将消化液转移至25 mL容量瓶或比色管中,用少量水洗涤内罐3次,合并洗涤液并定容至刻度,混匀。同时做空白试验。

4.仪器条件

当仪器真空度达到要求时,用调谐液调整仪器灵敏度、氧化物、双电荷、分辨率等各项指标,当仪器各项指标达到测定要求时,编辑测定方法,选择相关消除干扰方法,引内标,观测内标灵敏度、脉冲与模拟模式的线性拟合,符合要求后,将标准系列引入仪器。进行相关数据处理,绘制标准曲线,计算回归方程。

RF功率1 550 W;载气流速1.14 L/min;采样深度7 mm;雾化室温度2 ℃;Ni采样锥,Ni截取锥。

质谱干扰主要来源于同量异位素、多原子、双电荷离子等,可采用最优化仪器条件、干扰校正方程校正或采用碰撞池、动态反应池技术方法消除干扰。砷的干扰校正方程为:As = 75As − 7M(3.127)+ 82M(2.733)− 83M(2.757);采用内标校正、稀释样品等方法校正非质谱干扰。砷的m/z值为75,选Ge为内标元素。

推荐使用碰撞/反应池技术,在没有碰撞/反应池技术的情况下,使用干扰方程消除干扰的影响。

5. 试样溶液的测定

相同条件下,将试剂空白、样品溶液分别引入仪器进行测定。根据回归方程计算出样品中砷元素的浓度。

6. 分析结果的计算

试样中砷含量按下式计算:

$$X = \frac{(C - C_0) \times V \times 1\,000}{m \times 1\,000 \times 1\,000}$$

式中　X——试样中砷的含量,单位为毫克每千克(mg/kg)或毫克每升(mg/L);

　　　C——试样消化液中砷的测定浓度,单位为纳克每毫升(ng/mL);

　　　C_0——试样空白消化液中砷的测定浓度,单位为纳克每毫升(ng/mL);

　　　V——试样消化液总体积,单位为毫升(mL);

　　　m——试样质量,单位为克或毫升(g 或 mL);

　　　1 000——换算系数。

计算结果保留两位有效数字。

7. 精密度

在重复性条件下获得的两次独立测定结果的绝对差值不得超过算术平均值的20%。

8. 检出限和定量限

称样量为 1 g,定容体积为 25 mL 时,方法检出限为 0.003 mg/kg,方法定量限 0.010 mg/kg。

食品中总砷的测定——氢化物发生原子荧光光谱法

1. 原理

食品试样经湿法消解或干灰化法处理后,加入硫脲,使五价砷预还原为三价砷,再加入硼氢化钠或硼氢化钾,使还原生成砷化氢,由氩气载入石英原子化器中分解为原子态砷,在高强度砷空心阴极灯的发射光激发下产生原子荧光,其荧光强度在固定条件下与被测液中的砷浓度成正比,与标准系列比较定量。

2. 标准溶液配制

(1)砷标准储备液(100 mg/L,按 As 计):准确称取于 100 ℃干燥 2 h 的三氧化二砷 0.013 2 g,加 100 g/L 氢氧化钠溶液 1 mL 和少量水溶解,转入 100 mL 容量瓶中,加入适量盐酸,调整其酸度近中性,加水稀释至刻度。4 ℃

避光保存,保存期 1 年。或购买经国家认证并授予标准物质证书的标准溶液物质。

(2)砷标准使用液(1.00 mg/L,按 As 计):准确吸取 1.00 mL 砷标准储备液(100 mg/L)于 100 mL 容量瓶中,用硝酸溶液(2 +98)稀释至刻度。现用现配。

(3)取 25 mL 容量瓶或比色管 6 支,依次准确加入 1.00 μg/mL 砷标准使用液 0.00 mL、0.10 mL、0.25 mL、0.50 mL、1.50 mL 和 3.00 mL(分别相当于砷浓度 0.0 ng/mL、4.0 ng/mL、10 ng/mL、20 ng/mL、60 ng/mL、120 ng/mL),各加硫酸溶液(1 +9)12.5 mL,硫脲 + 抗坏血酸溶液 2 mL,补加水至刻度,混匀后放置 30 min 后测定。

仪器预热稳定后,将试剂空白、标准系列溶液依次引入仪器进行原子荧光强度的测定。以原子荧光强度为纵坐标、砷浓度为横坐标绘制标准曲线,得到回归方程。

3. 试样消解

1)湿法消解

固体试样称取 1.0 ~ 2.5 g、液体试样称取 5.0 ~ 10.0 g(或 mL)(精确至 0.001 g),置于 50 ~ 100 mL 锥形瓶中,同时做两份试剂空白。加硝酸 20 mL、高氯酸 4 mL、硫酸 1.25 mL,放置过夜。次日置于电热板上加热消解。若消解液处理至 1 mL 左右时仍有未分解物质或色泽变深,取下放冷,补加硝酸 5 ~ 10 mL,再消解至 2 mL 左右,如此反复两三次,注意避免炭化。继续加热至消解完全后,再持续蒸发至高氯酸的白烟散尽,硫酸的白烟开始冒出。冷却,加水 25 mL,再蒸发至冒硫酸白烟。冷却,用水将内溶物转入 25 mL 容量瓶或比色管中,加入硫脲 + 抗坏血酸溶液 2 mL,补加水至刻度,混匀,放置 30 min,待测。按同一操作方法做空白试验。

2)干灰化法

固体试样称取 1.0 ~ 2.5 g,液体试样取 4.00 mL(g)(精确至 0.001 g),置于 50 ~ 100 mL 坩埚中,同时做两份试剂空白。加 150 g/L 硝酸镁 10 mL 混匀,低热蒸干,将 1 g 氧化镁覆盖在干渣上,于电炉上炭化至无黑烟,移入 550 ℃马弗炉灰化 4 h。取出放冷,小心加入盐酸溶液(1 +1)10 mL 以中和氧化镁并溶解灰分,转入 25 mL 容量瓶或比色管,向容量瓶或比色管中加入硫脲 + 抗坏血酸溶液 2 mL,另用硫酸溶液(1 +9)分次洗涤坩埚后合并洗涤液至 25 mL 刻度,混匀,放置 30 min,待测。按同一操作方法做空白试验。

4. 仪器条件

负高压:260 V;砷空心阴极灯电流:50～80 mA;载气:氩气;载气流速:500 mL/min;屏蔽气流速:800 mL/min;测量方式:荧光强度;读数方式:峰面积。

5. 试样溶液的测定

相同条件下,将样品溶液分别引入仪器进行测定。根据回归方程计算出样品中砷元素的浓度。

6. 分析结果的计算

试样中总砷含量按下式计算:

$$X = \frac{(c - c_0) \times V \times 1\,000}{m \times 1\,000 \times 1\,000}$$

式中　　X——试样中砷的含量,单位为毫克每千克(mg/kg)或毫克每升(mg/L);

c——试样消化液中砷的测定浓度,单位为纳克每毫升(ng/mL);

c_0——试样空白消化液中砷的测定浓度,单位为纳克每毫升(ng/mL);

V——试样消化液总体积,单位为毫升(mL);

m——试样质量,单位为克或毫升(g 或 mL);

1 000——换算系数。

计算结果保留两位有效数字。

7. 精密度

在重复性条件下获得的两次独立测定结果的绝对差值不得超过算术平均值的20%。

8. 检出限和定量限

称样量为 1 g,定容体积为 25 mL 时,方法检出限为 0.010 mg/kg,方法定量限为 0.040 mg/kg。

食品中无机砷的测定——液相色谱 - 原子荧光光谱法(LC - AFS)法

1. 原理

食品中无机砷经稀硝酸提取后,以液相色谱进行分离,分离后的目标化合物在酸性环境下与 KBH 反应,生成气态砷化合物,以原子荧光光谱仪进行测定。按保留时间定性,外标法定量。

2. 标准溶液配制

(1)亚砷酸盐[As(Ⅲ)]标准储备液(100 mg/L,按 As 计):准确称取三氧化二砷 0.013 2 g,加 100 g/L 氢氧化钾溶液 1 mL 和少量水溶解,转入 100 mL 容量瓶中,加入适量盐酸调整其酸度近中性,加水稀释至刻度。4 ℃保存,保存期 1 年。或购买经国家认证并授予标准物质证书的标准溶液物质。

(2)砷酸盐[As(V)]标准储备液(100 mg/L,按 As 计):准确称取砷酸二氢钾 0.024 0 g,加水溶解,转入 100 mL 容量瓶中并用水稀释至刻度。4 ℃保存,保存期 1 年。或购买经国家认证并授予标准物质证书的标准溶液物质。

(3)As(Ⅲ)、As(V)混合标准使用液(1.00 mg/L,按 As 计):分别准确吸取 1.0 mL As(Ⅲ)标准储备液(100 mg/L)、1.0 mL As(V)标准储备液(100 mg/L)于 100 mL 容量瓶中,加水稀释并定容至刻度。现用现配。

(4)取 7 支 10 mL 容量瓶,分别准确加入 1.00 mg/L 混合标准使用液 0.00 mL、0.05 mL、0.10 mL、0.20 mL、0.30 mL、0.50 mL 和 1.00 mL,加水稀释至刻度,此标准系列溶液的浓度分别为 0.0 ng/mL、5.0 ng/mL、10 ng/mL、20 ng/mL、30 ng/mL、50 ng/mL 和 100 ng/mL 吸取标准系列溶液 100 μL 注入液相色谱 - 原子荧光光谱联用仪进行分析,得到色谱图,以保留时间定性。以标准系列溶液中目标化合物的浓度为横坐标、色谱峰面积为纵坐标,绘制标准曲线。

3. 试样提取

1) 稻米样品

称取约 1.0 g 稻米试样(准确至 0.001 g)于 50 mL 塑料离心管中,加入 20 mL 0.15 mol/L 硝酸溶液,放置过夜。于 90 ℃恒温箱中热浸提 2.5 h,每 0.5 h 振摇 1 min。提取完毕,取出冷却至室温,8 000 r/min 离心 15 min,取上清液,经 0.45 μm 有机滤膜过滤后进行测定。按同一操作方法做空白试验。

2) 水产动物样品

称取约 1.0 g 水产动物湿样(准确至 0.001 g),置于 50 mL 塑料离心管中,加 20 mL 0.15 mol/L 硝酸溶液,放置过夜。于 90 ℃恒温箱中热浸提 2.5 h,每 0.5 h 振摇 1 min。提取完毕,取出冷却至室温,8 000 r/min 离心 15 min。取 5 mL 上清液置于离心管中,加入 5 mL 正己烷,振摇 1 min 后,8 000 r/min 离心 15 min,弃去上层正己烷。按此过程重复一次。吸取下层清液,经 0.45 μm 有机滤膜过滤及 C18 小柱净化后进样。按同一操作方法做空白试验。

3) 婴幼儿辅助食品样品

称取婴幼儿辅助食品约 1.0 g(准确至 0.001 g)于 15 mL 塑料离心管中,加 10 mL 0.15 mol/L 硝酸溶液,放置过夜。于 90 ℃恒温箱中热浸提 2.5 h,每 0.5 h 振摇 1 min,提取完毕,取出冷却至室温。8 000 r/min 离心 15 min。取 5

mL 上清液置于离心管中,加入 5 mL 正己烷,振摇 1 min 后,8 000 r/min 离心 15 min,弃去上层正己烷。按此过程重复一次。吸取下层清液,经 0.45 μm 有机滤膜过滤及 C18 小柱净化后进行分析。按同一操作方法做空白试验。

4. 仪器参考条件

1）液相色谱参考条件

色谱柱:阴离子交换色谱柱(柱长 250 mm,内径 4 mm)或等效柱。阴离子交换色谱保护柱(柱长 10 mm,内径 4 mm),或等效柱流动相组成。①等度洗脱流动相。15 mmol/L 磷酸二氢铵溶液(pH 6.0),流动相洗脱方式等度洗脱。流动相流速:1.0 mL/min;进样体积:100 μL。等度洗脱适用于稻米及稻米加工食品。②梯度洗脱。流动相 A:1 mmol/L 磷酸二氢铵溶液(pH 9.0);流动相 B:20 mmol/L 磷酸二氢铵溶液(pH 8.0)。流动相流速:1.0 mL/min;进样体积 100 μL。梯度洗脱适用于水产动物样品、含水产动物组成的样品、含藻类等海产植物的样品以及婴幼儿辅助食品样品。

2）原子荧光检测参考条件

负高压:320 V;砷灯总电流:90 mA;主电流/辅助电流:55/35;原子化方式:火焰原子化;原子化器温度:中温。

载液:20% 盐酸溶液,流速 4 mL/min。还原剂:30 g/L 硼氢化钾溶液,流速 4 mL/min;载气流速 400 mL/min;辅助气流速:400 mL/min。

5. 试样溶液的测定

吸取试样溶液 100 L 注入液相色谱－原子荧光光谱联用仪中,得到色谱图,以保留时间定性。根据标准曲线得到试样溶液中 As(Ⅲ)与 As(Ⅴ)含量,As(Ⅲ)与 As(Ⅴ)含量的加和为总无机砷含量,平行测定次数不少于 2 次。

6. 分析结果的计算

试样中无机砷含量按下式计算:

$$X = \frac{(c - c_0) \times V \times 1\ 000}{m \times 1\ 000 \times 1\ 000}$$

式中　X——样品中无机砷的含量(以 As 计),单位为毫克每千克(mg/kg);

　　　c——测定液中无机砷化合物浓度,单位为纳克每毫升(ng/mL);

　　　c_0——空白溶液中无机砷化合物浓度,单位为纳克每毫升(ng/mL);

　　　V——试样消化液总体积,单位为毫升(mL);

　　　m——试样质量,单位为克或毫升(g 或 mL);

　　　1 000——换算系数。

总无机砷含量等于 As(Ⅲ)含量与 As(Ⅴ)含量的加和。

计算结果保留两位有效数字。

7.精密度

在重复性条件下获得的两次独立测定结果的绝对差值不得超过算术平均值的20%。

8.检出限和定量限

本方法检出限:取样量为 1 g,定容体积为 20 mL 时,检出限为:稻米 0.02 mg/kg、水产动物 0.3 mg/kg、婴幼儿辅助食品 0.02 mg/kg;定量限为:稻米 0.05 mg/kg、水产动物 0.08 mg/kg、婴幼儿辅助食品 0.05 mg/kg。

食品中无机砷的测定——液相色谱－电感耦合 等离子体质谱法(LC－ICP/MS)

1.原理

食品中无机砷经稀硝酸提取后,以液相色谱进行分离,分离后的目标化合物经过雾化由载气送入 ICP 炬焰中,经过蒸发、解离、原子化、电离等过程,大部分转化为带正电荷的正离子,经离子采集系统进入质谱仪,质谱仪根据质荷比进行分离测定。以保留时间定性和质荷比定性,外标法定量。

2.标准溶液配制

(1)亚砷酸盐[As(Ⅲ)]标准储备液(100 mg/L,按 As 计):准确称取三氧化二砷0.013 2 g,加 1 mL 氢氧化钾溶液(100 g/L)和少量水溶解,转入 100 mL 容量瓶中,加入适量盐酸调整其酸度近中性,加水稀释至刻度。4 ℃保存,保存期 1 年。或购买经国家认证并授予标准物质证书的标准溶液物质。

(2)砷酸盐[As(Ⅴ)标准储备液(100 mg/L,按 As 计):准确称取砷酸二氢钾 0.024 0 g,水溶解,转入 100 mL 容量瓶中并用水稀释至刻度。4 ℃保存,保存期 1 年。或购买经国家认证并授予标准物质证书的标准溶液物质。

(3)As(Ⅲ)、As(Ⅴ)混合标准使用液(1.00 mg/L,按 As 计):分别准确吸取 1.0 mL As(Ⅲ)标准储备液(100 mg/L)、1.0 mL As(Ⅴ)标准储备液(100 mg/L)于 100 mL 容量瓶中,加水稀释并定容至刻度。现用现配。

(4)分别准确吸取 1.00 mg/L 混合标准使用液 0.00 mL、0.025 mL、0.050 mL、0.10 mL、0.50 mL 和 1.0 mL 于 6 个 10 mL 容量瓶,用水稀释至刻度,此标准系列溶液的浓度分别为 0.0 ng/mL、2.5 ng/mL、5 ng/mL、10 ng/mL、50 ng/mL 和 100 ng/mL。

用调谐液调整仪器各项指标,使仪器灵敏度、氧化物、双电荷、分辨率等各项指标达到测定要求。

吸取标准系列溶液 50 μL 注入液相色谱 – 电感耦合等离子质谱联用仪,得到色谱图,以保留时间定性。以标准系列溶液中目标化合物的浓度为横坐标、色谱峰面积为纵坐标,绘制标准曲线。

3. 试样提取

方法同液相色谱 – 原子荧光光谱法(LC – AFS)法。

4. 仪器参考条件

1)液相色谱参考条件

色谱柱:阴离子交换色谱分析柱(柱长 250 mm,内径 4 mm)或等效柱。阴离子交换色谱保护柱(柱长 10 mm,内径 4 mm)或等效柱。

流动相(含 10 mmol/L 无水乙酸钠、3 mmol/L 硝酸钾、10 mmol/L 磷酸二氢钠、0.2 mmol/L 乙二胺四乙酸二钠的缓冲液,氨水调节 pH 为 10):无水乙醇 = 99∶1(体积比)。

洗脱方式:等度洗脱。

进样体积:50 μL。

2)电感耦合等离子体质谱仪参考条件

RF 入射功率 1 550 W;载气为高纯氩气;载气流速 0.85 L/min;补偿气流速 0.15 L/min;泵速 0.3 r/s;检测质量数 m/z = 75(As),m/z = 35(Cl)。

5. 试样溶液的测定

吸取试样溶液 50 L 注入液相色谱 – 电感耦合等离子质谱联用仪,得到色谱图,以保留时间定性。根据标准曲线得到试样溶液中 As(Ⅲ)与 As(Ⅴ)含量,As(Ⅲ)与 As(Ⅴ)含量的加和为总无机砷含量平行测定次数不少于 2 次。

6. 分析结果的计算

试样中无机砷含量按下式计算:

$$X = \frac{(A_1 - A_2) \times V_2}{m \times V_1 \times 1\ 000}$$

式中　　X——试样中砷的含量,单位为毫克每千克(mg/kg)或毫克每升(mg/L);

　　　　A_1——测定用试样消化液中砷的质量,单位为纳克(ng);

　　　　A_2——试剂空白液中砷的质量,单位为纳克(ng);

　　　　V_1——试样消化液的总体积,单位为毫升(mL);

m——试样质量(体积),单位为克或毫升(g 或 mL);

V_2——测定用试样消化液的体积,单位为毫升(mL)。

计算结果保留两位有效数字。

7. 精密度

在重复性条件获得的两次独立测定结果的绝对差值不得超过算术平均值的20%。

8. 检出限和定量限

本方法检出限:取样量为 1 g,定容体积为 20 mL 时,方法检出限为:稻米 0.01 mg/kg、水产动物 0.02 mg/kg、婴幼儿辅助食品 0.01 mg/kg;方法定量限为:稻米 0.03 mg/kg、水产动物 0.06 mg/kg、婴幼儿辅助食品 0.03 mg/kg。

(二)食品中镉的测定

1. 原理

试样经灰化或酸消解后,注入一定量样品消化液于原子吸收分光光度计石墨炉中,电热原子化后吸收 228.8 nm 共振线,在一定浓度范围内,其吸光度值与镉含量成正比,采用标准曲线法定量。

2. 标准溶液配制

(1)镉标准储备液(1 000 mg/L):准确称取 1 g 金属镉标准品(精确至 0.000 1 g)于小烧杯中,分次加 20 mL 盐酸溶液(1 + 1)溶解,加 2 滴硝酸,移入 1 000 mL 容量瓶中,用水定容至刻度,混匀;或购买经国家认证并授予标准物质证书的标准溶液。

(2)镉标准使用液(100 ng/mL):吸取镉标准储备液 10.0 mL 于 100 mL 容量瓶中,用硝酸溶液(1%)定容至刻度,如此经多次稀释成每毫升含 100.0 ng 镉的标准使用液。

(3)镉标准曲线工作液:准确吸取镉标准使用液 0 mL、0.50 mL、1.0 mL、1.5 mL、2.0 mL、3.0 mL 于 100 mL 容量瓶中,用硝酸溶液(1%)定容至刻度,即得到含镉量分别为 0 ng/mL、0.50 ng/mL、1.0 ng/mL、1.5 ng/mL、2.0 ng/mL、3.0 ng/mL 的标准系列溶液。

3. 试样消解

可根据实验室条件选用以下任何一种方法消解,称量时应保证样品的均匀性。

1)压力消解罐消解法

称取干试样 0.3 ~ 0.5 g(精确至 0.000 1 g)、鲜(湿)试样 1 ~ 2 g(精确到

0.001 g)于聚四氟乙烯内罐中,加硝酸 5 mL 浸泡过夜。再加过氧化氢溶液(30%)2~3 mL(总量不能超过罐容积的 1/3)。盖好内盖,旋紧不锈钢外套,放入恒温干燥箱,120~160 ℃ 保持 4~6 h,在箱内自然冷却至室温,打开后加热赶酸至近干,将消化液洗入 10 mL 或 25 mL 容量瓶中,用少量硝酸溶液(1%)洗涤内罐和内盖 3 次,洗液合并于容量瓶中并用硝酸溶液(%)定容至刻度,混匀备用;同时做试剂空白试验。

2)微波消解

称取干试样 0.3~0.5 g(精确至 0.000 1 g)、鲜(湿)试样 1~2 g(精确到0.001 g)置于微波消解罐中,加 5 mL 硝酸和 2 mL 过氧化氢。微波消化程序可以根据仪器型号调至最佳条件。消解完毕,待消解罐冷却后打开,消化液呈无色或淡黄色,加热赶酸至近干,用少量硝酸溶液(1%)冲洗消解罐 3 次,将溶液转移至 10 mL 或 25 mL 容量瓶中,并用硝酸溶液(1%)定容至刻度,混匀备用;同时做试剂空白试验。

3)湿式消解法

称取干试样 0.3~0.5 g(精确至 0.000 1 g)、鲜(湿)试样 1~2 g(精确到0.001 g)于锥形瓶中,放数粒玻璃珠,加 10 mL 硝酸 – 高氯酸混合溶液(9+1),加盖浸泡过夜,加一小漏斗在电热板上消化,若变棕黑色,再加硝酸,直至冒白烟,消化液呈无色透明或略带微黄色,放冷后将消化液洗入 10~25 mL 容量瓶中,用少量硝酸溶液(1%)洗涤锥形瓶 3 次,洗液合并于容量瓶中并用硝酸溶液(1%)定容至刻度,混匀备用;同时做试剂空白试验。

4)干法灰化

称取 0.3~0.5 g 干试样(精确至 0.000 1 g)、鲜(湿)试样 1~2 g(精确到0.001 g)、液态试样 1~2 g(精确到 0.001 g)于瓷坩埚中,先小火在可调式电炉上炭化至无烟,移入马弗炉 500 ℃ 灰化 6~8 h,冷却。若个别试样灰化不彻底,加 1 mL 混合酸在可调式电炉上小火加热,将混合酸蒸干后,再转入马弗炉中 500 ℃ 继续灰化 1~2 h,直至试样消化完全,呈灰白色或浅灰色。放冷,用硝酸溶液(1%)将灰分溶解,将试样消化液移入 10 mL 或 25 mL 容量瓶中,用少量硝酸溶液(1%)洗涤瓷坩埚 3 次,洗液合并于容量瓶中并用硝酸溶液(1%)定容至刻度,混匀备用;同时做试剂空白试验。

注:实验要在通风良好的通风橱内进行。对含油脂的样品,尽量避免用湿式消解法消化,最好采用干法消化,如果必须采用湿式消解法消化,样品的取样量最大不能超过 1 g。

4. 仪器参考条件

根据所用仪器型号将仪器调至最佳状态。原子吸收分光光度计(附石墨炉及镉空心阴极灯)测定参考条件如下：

(1)波长228.8 nm,狭缝0.2~1.0 nm,灯电流2~10 mA,干燥温度105 ℃,干燥时间20 s。

(2)灰化温度400~700 ℃,灰化时间20~40 s。

(3)原子化温度1 300~2 300 ℃,原子化时间3~5 s。

(4)背景校正为氘灯或塞曼效应。

5. 试样溶液的测定

将标准曲线工作液按浓度由低到高的顺序各取20 μL注入石墨炉,测其吸光度值,以标准曲线工作液的浓度为横坐标、相应的吸光度值为纵坐标,绘制标准曲线并求出吸光度值与浓度关系的一元线性回归方程。

标准系列溶液应不少于5个点的不同浓度的镉标准溶液,相关系数不应小于0.995。如果有自动进样装置,也可用程序稀释来配制标准系列。

于测定标准曲线工作液相同的实验条件下,吸取样品消化液20 μL(可根据使用仪器选择最佳进样量),注入石墨炉,测其吸光度值。代入标准系列的一元线性回归方程中求样品消化液中镉的含量,平行测定次数不少于2次。若测定结果超出标准曲线范围,用硝酸溶液(%)稀释后再行测定。

6. 基体改进剂的使用

对有干扰的试样,和样品消化液一起注入石墨炉5 μL基体改进剂磷酸二氢铵溶液(10 g/L),绘制标准曲线时也要加入与试样测定时等量的基体改进剂。

7. 分析结果的计算

试样中镉含量按下式进行计算:

$$X = \frac{(c_1 - c_0) \times V}{m \times 1\,000}$$

式中　　X——试样中镉含量,单位为毫克每千克或毫克每升(mg/kg或mg/L);

　　　　c_1——试样消化液中镉含量,单位为纳克每毫升(ng/mL);

　　　　c_0——空白液中镉含量,单位为纳克每毫升(ng/mL);

　　　　V——试样消化液定容总体积,单位为毫升(mL);

　　　　m——试样质量或体积,单位为克或毫升(g或mL);

　　　　1 000——换算系数。

以重复性条件下获得的两次独立测定结果的算术平均值表示,结果保留两位有效数字。

8. 精密度

在重复性条件下获得的两次独立测定结果的绝对差值不得超过算术平均值的20%。

9. 检出限和定量限

方法检出限为 0.001 mg/kg,定量限为 0.003 mg/kg。

(三)铅

食品中铅的测定——石墨炉原子吸收光谱法

1. 原理

试样消解处理后,经石墨炉原子化,在283.3 nm 处测定吸光度。在一定浓度范围内铅的吸光度值与铅含量成正比,与标准系列比较定量。

2. 标准溶液配制

(1)铅标准储备液(1 000 mg/L):准确称取 1.598 5 g(精确至 0.000 1 g)硝酸铅,用少量硝酸溶液(1 +9)溶解,移入 1 000 mL 容量瓶,加水至刻度,混匀。

(2)铅标准中间液(1.00 mg/L):准确吸取铅标准储备液(1 000 mg/L)1.00 mL 于 1 000 mL 容量瓶中,加硝酸溶液(5 +95)至刻度,混匀。

(3)铅标准系列溶液:分别吸取铅标准中间液(1.00 mg/L)0 mL、0.500 mL、1.00 mL、2.00 mL、3.00 mL 和 4.00 mL 于 100 mL 容量瓶中,加硝酸溶液(5 +95)至刻度,混匀。此铅标准系列溶液的质量浓度分别为 0 μg/L、5.00 μg/L、10.0 μg/L、20.0 μg/L、30.0 μg/L 和 40.0 μg/L。

注:可根据仪器的灵敏度及样品中铅的实际含量确定标准系列溶液中铅的质量浓度。

3. 试样前处理

1)湿法消解

称取固体试样 0.2 ~3 g(精确至 0.001 g)或准确移取液体试样 0.500 ~5.00 mL 于带刻度的消化管中,加入 10 mL 硝酸和 0.5 mL 高氯酸,在可调式电热炉上消解(参考条件:20 ℃ /(0.5 ~ 1 h);升至 180 ℃/(2 ~ 4 h)、升至 200 ~220 ℃)。若消化液呈棕褐色,再加少量硝酸,消解至冒白烟,消化液呈无色透明或略带黄色,取出消化管,冷却后用水定容至 10 mL,混匀备用。同时做试剂空白试验。亦可采用锥形瓶,于可调式电热板上,按上述操作方法进行湿法消解。

2）微波消解

称取固体试样 0.2～0.8 g（精确至 0.001 g）或准确移取液体试样 0.500～3.00 mL 于微波消解罐中，加入 5 mL 硝酸，按照微波消解的操作步骤消解试样。冷却后取出消解罐，在电热板上于 140～160 ℃赶酸至 1 mL 左右。消解罐放冷后，将消化液转移至 10 mL 容量瓶中，用少量水洗涤消解罐 2～3 次，合并洗涤液于容量瓶中并用水定容至刻度，混匀备用。同时做试剂空白试验。

3）压力罐消解

称取固体试样 0.1～1 g（精确至 0.001 g）或准确移取液体试样 0.500～5.00 mL 于消解内罐中，加入 5 mL 硝酸。盖好内盖，旋紧不锈钢外套，放入恒温干燥箱，于 140～160 ℃下保持 4～5 h。冷却后缓慢旋松外罐，取出消解内罐，放在可调式电热板上于 140～160 ℃赶酸至 1 mL 左右。冷却后将消化液转移至 10 mL 容量瓶中，用少量水洗涤内罐和内盖 2～3 次，合并洗涤液于容量瓶中并用水定容至刻度，混匀备用。同时做试剂空白试验。

4. 仪器参考条件

根据各自仪器性能调至最佳状态。参考条件见表 3-1。

表 3-1　仪器参考条件

元素	波长（nm）	狭缝（nm）	灯电流（mA）	干燥	灰化	原子化
铅	283.5	0.5	8～12	85～120 ℃/（40～50）s	750 ℃/（20～30）s	750 ℃/（20～30）s

5. 试样溶液的测定

按质量浓度由低到高的顺序分别将 10 μL 铅标准系列溶液和 5 μL 磷酸二氢铵 – 硝酸钯溶液（可根据所使用的仪器确定最佳进样量）同时注入石墨炉，原子化后测其吸光度值，以质量浓度为横坐标、吸光度值为纵坐标，制作标准曲线。

在与测定标准溶液相同的实验条件下，将 10 μL 空白溶液或试样溶液与 5 μL 磷酸二氢铵 – 硝酸钯溶液（可根据所使用的仪器确定最佳进样量）同时注入石墨炉，原子化后测其吸光度值，与标准系列比较定量。

6. 分析结果的计算

试样中铅的含量按下式计算：

$$X = \frac{(p - p_0) \times V}{m \times 1\,000}$$

式中　X ——试样中铅的含量,单位为毫克每千克或毫克每升(mg/kg 或
　　　　　 mg/L);

　　　　p ——试样溶液中铅的质量浓度,单位为微克每升(μg/L);

　　　　p_0 ——空白溶液中铅的质量浓度,单位为微克每升(μg/L);

　　　　V ——试样消化液的定容体积,单位为毫升(mL);

　　　　m ——试样称样量或移取体积,单位为克或毫升(g 或 mL);

　　　　1 000 ——换算系数。

当铅含量≥1.00 mg/kg(或 mg/L)时,计算结果保留 3 位有效数字;当铅含量 < 1.00 mg/kg(或 mg/L)时,计算结果保留两位有效数字。

　　7. 精密度

在重复性条件下获得的两次独立测定结果的绝对差值不得超过算术平均值的20% 。

　　8. 检出限和定量限

当称样量为 0.5 g(或 0.5 mL)定容体积为 10 mL 时,方法的检出限为 0.02 mg/kg(或 0.02 mg/L),定量限为 0.04 mg/kg(或 0.04 mg/L)。

食品中铅的测定——火焰原子吸收光谱法

　　1. 原理

试样经处理后,铅离子在一定 pH 条件下与二乙基二硫代氨基甲酸钠(DDTC)形成络合物,经 4 – 甲基2 – 戊酮(MIBK) 萃取分离,导入原子吸收光谱仪中,经火焰原子化,在 283.3 nm 处测定吸光度。在一定浓度范围内铅的吸光度值与铅含量成正比,与标准系列比较定量。

　　2. 标准溶液配制

(1)铅标准储备液(1 000 mg/L):准确称取 1.598 5 g(精确至 0.000 1 g)硝酸铅,用少量硝酸溶液(1 +9)溶解,移入 1 000 mL 容量瓶,加水至刻度,混匀。

(2)铅标准使用液(10.0 mg/L):准确吸取铅标准储备液(1 000 mg/L) 1.00 mL 于 100 mL 容量瓶中,加硝酸溶液(5 +95)至刻度,混匀。

(3)分别吸取铅标准使用液0 mL、0.250 mL、0.500 mL、1.00 mL、1.50 mL 和 2.00 mL(相当 0 μg、2.50 μg、5.00 μg、10.0 μg、15.0 μg 和 20.0 μg 铅)于 125 mL 分液漏斗中,补加水至60 mL。加 2 mL 柠檬酸铵溶液(250 g/L),溴百里酚蓝水溶液(1 g/L)3 ~ 5 滴,用氨水溶液(1 +1)调 pH 至溶液由黄变蓝,加硫酸铵溶液(300 g/L)10 mL,DDTC 溶液(1 g/L)10 mL,摇匀。放置 5 min 左右,加入 10 mL MIBK,剧烈振摇提取 1 min,静置分层后,弃去水层,将 MIBK

层放入 10 mL 带塞刻度管中,得到标准系列溶液。

3. 仪器参考条件

根据各自仪器性能调至最佳状态。参考条件见表3-2。

表 3-2　仪器参考条件

元素	波长（nm）	狭缝（nm）	灯电流（mA）	燃烧头高度（mm）	空气流量（L/min）
铅	283.5	0.5	8 ~ 12	6	8

4. 试样溶液的测定

将标准系列溶液按质量由低到高的顺序分别导入火焰原子化器,原子化后测其吸光度值,以铅的质量为横坐标、吸光度值为纵坐标,制作标准曲线。

将试样消化液及试剂空白溶液分别置于 125 mL 分液漏斗中,补加水至 60 mL。加 2 mL 柠檬酸铵溶液（250 g/L）,溴百里酚蓝水溶液（1 g/L）3 ~ 5 滴,用氨水溶液（1 + 1）调 pH 至溶液由黄变蓝,加硫酸铵溶液（300 g/L）10 mL,DDTC 溶液（1 g/L）10 mL,摇匀。放置 5 min 左右,加入 10 mL MIBK,剧烈振摇提取 1 min,静置分层后,弃去水层,将 MIBK 层放入 10 mL 带塞刻度管中,得到试样溶液和空白溶液。

将试样溶液和空白溶液分别导入火焰原子化器,原子化后测其吸光度值,与标准系列比较定量。

5. 分析结果的计算

试样中铅的含量按下式计算:

$$X = \frac{m_1 - m_0}{m_2}$$

式中　X ——试样中铅的含量,单位为毫克每千克或毫克每升（mg/kg 或 mg/L）;

m_1——试样溶液中铅的质量,单位为微克（μg）;

m_0——空白溶液中铅的质量,单位为微克（μg）;

m_2——试样称样量或移取体积,单位为克或毫升（g 或 mL）。

当铅含量≥10.0 mg/kg（或 mg/L）时,计算结果保留 3 位有效数字;当铅含量 <10.0 mg/kg（或 mg/L）时,计算结果保留 2 位有效数字。

6. 精密度

在重复性条件下获得的两次独立测定结果的绝对差值不得超过算术平均值的 20%。

7. 检出限和定量限

以称样量 0.5 g(或 0.5 mL)计算,方法的检出限为 0.4 mg/kg(或 0.4 mg/L),定量限为 1.2 mg/kg(或 1.2 mg/L)。

二、农药残留检测方法

(一)常用检测方法(NY/T 761—2008)

蔬菜和水果中有机磷类农药多残留的测定

1. 试样制备

按 GB/T 8855 抽取蔬菜、水果样品,取可食部分,经缩分后,将其切碎,充分混匀放入食品加工器粉碎,制成待测样。放入分装容器中,于 - 20 ~ - 16 ℃条件下保存,备用。

2. 提取

准确称取 25.0 g 试样放入匀浆机中,加入 50.0 mL 乙腈,在匀浆机中高速匀浆 2 min 后用滤纸过滤,滤液收集到装有 5 ~ 7 g 氯化钠的 100 mL 具塞量筒中,收集滤液 40 ~ 50 mL,盖上塞子,剧烈震荡 1 min,在室温下静置 30 min,使乙腈相和水相分层。

3. 净化

从具塞量筒中吸取 10.00 mL 乙腈溶液,放入 150 mL 烧杯中,将烧杯放在 80 ℃水浴锅上加热,杯内缓缓通入氮气或空气流,蒸发近干,加入 2.0 mL 丙酮,盖上铝箔,备用。

将上述备用液完全转移至 15 mL 刻度离心管中,再用约 3 mL 丙酮分 3 次冲洗烧杯,并转移至离心管,最后定容至 5.0 mL,在旋涡混合器上混匀,分别移入两个 2 mL 自动进样器样品瓶中,供色谱测定。如定容后的样品溶液过于混浊,应用 0.2 μm 滤膜过滤后再进行测定。

4. 测定

1)色谱参考条件

(1)色谱柱。

预柱:1.0 m,0.53 mm 内径,脱活石英毛细管柱。

两根色谱柱,分别为:

A 柱:50%聚苯基甲基硅氧烷(DB-17 或 HP-50 +)[1]柱,30 m ×0.53 mm ×1.0 m 或相当者。

B 柱:100%聚甲基硅氧烷(DB-1 或 HP-1)[1]柱,30 m ×0.53 mm ×1.50 m,

或相当者。

（2）温度。

进样口温度：220 ℃。

检测器温度：250 ℃。

柱温：150 ℃（保持 2 min）$\xrightarrow{8\ ℃/min}$250 ℃（保持 12 min）。

（3）气体及流量。

载气：氮气，纯度≥99.999%，流速为 10 mL/min。

燃气：氢气，纯度≥99.999%，流速为 75 mL/min。

助燃气：空气，流速为 100 mL/min。

（4）进样方式。

不分流进样。样品溶液一式两份，由双自动进样器同时进样。

2）色谱分析

由自动进样器分别吸取 1.0 μL 标准混合溶液和净化后的样品溶液注入色谱仪中，以双柱保留时间定性，以 A 柱获得的样品溶液面积与标准溶液峰面积比较定量。

5. 结果表述

1）定性分析

双柱测得样品溶液中未知组分的保留时间（RT）分别与标准溶液在同一色谱柱上的保留时间（RT）相比较，如果样品溶液中某组分的两组保留时间与标准溶液中某一农药的两组保留时间相差都在 ±0.05 min 内，可认定为该农药。

2）定量结果计算

试样中被测农药残留量以质量分数 ω 计，单位以毫克每千克（mg/kg）表示，按下式计算。

$$\omega = (V_1 \times A \times V_3 \times \rho)/(V_2 \times A_s \times m)$$

式中　ρ——标准溶液中农药的质量浓度，单位为毫克每升（mg/L）；

　　　A——样品溶液中被测农药的峰面积；

　　　A_s——农药标准溶液中被测农药的峰面积；

　　　V_1——提取溶剂总体积，单位为毫升（mL）；

　　　V_2——吸取出用于检测的提取溶液的体积，单位为毫升（mL）；

　　　V_3——样品溶液定容体积，单位为毫升（mL）；

　　　m——试样的质量，单位为克（g）。

计算结果保留两位有效数字，当结果大于 1 mg/kg 时保留 3 位有效数字。

蔬菜和水果中有机氯类农药残留的测定

1. 试样制备

同有机磷方法一致。

2. 提取

同有机磷方法一致。

3. 净化

从 100 mL 具塞量筒中吸取 10.00 mL 乙腈溶液, 放入 150 mL 烧杯中, 将烧杯放在 80 ℃ 水浴锅上加热, 杯内缓通入氮气或空气流, 蒸发近干, 加入 2.0 mL 正己烷, 盖上铝箔, 待净化。

将弗罗里矽柱依次用 5.0 mL 丙酮 + 正己烷(10 + 90)、5.0 mL 正己烷预淋洗, 条件化, 当溶剂液面到达柱吸附层表面时, 立即倒入上述待净化溶液, 用 15 mL 刻度离心管接收洗脱液, 用 5 mL 丙酮 + 正己烷(10 + 90)冲洗烧杯后淋洗弗罗里矽柱, 并重复一次。将盛有淋洗液的离心管置于氮吹仪上, 在水浴温度 50 ℃ 条件下, 氮吹蒸发至小于 5 mL, 用正己烷定容至 5.0 mL, 在旋涡混合器上混匀, 分别移入两个 2 mL 自动进样器样品瓶中, 待测。

4. 测定

1)色谱条件

(1)色谱柱。

预柱:1.0 m, 0.25 m 内径, 脱活石英毛细管柱。

分析柱采用两根色谱柱, 分别为:

A 柱:100% 聚甲基硅氧烷(DB-1 或 HP-1)[1]柱, 30 m × 0.25 mm × 0.25 μm, 或相当者。

B 柱:50% 聚苯基甲基硅氧烷(DB-17 或 HP-50 +)[1]柱, 30 m × 0.25 mm × 0.25 μm, 或相当者。

(2)温度。

进样口温度:200 ℃。

检测器温度:320 ℃。

柱温:150 ℃(保持 2 min)$\xrightarrow{6\ ℃/min}$ 270 ℃(保持 8 min, 测定溴氰菊酯保持 23 min)。

(3)气体及流量。

载气:氮气, 纯度 ≥99.999%, 流速为 1 mL/min。

辅助气:氮气,纯度≥99.999%,流速为 60 mL/min。

(4)进样方式。

分流进样,分流比 10:1。样品溶液一式两份,由双塔自动进样器同时进样。

2)色谱分析

由自动进样器分别吸取 1.0 μL 标准混合溶液和净化后的样品溶液注入色谱仪中,以双柱保留时间定性,以 A 柱获得的样品溶液峰面积与标准溶液峰面积比较定量。

5.结果

1)定性分析

双柱测得的样品溶液中未知组分的保留时间(RT)分别与标准溶液在同一色谱柱上的保留时间(RT)相比较,如果样品溶液中某组分的两组保留时间与标准溶液中某一农药的两组保留时间相差都在 ±0.05 min 内,可认定为该农药。

2)定量结果计算

试样中被测农药残留量以质量分数 ω 计,单位以毫克每千克(mg/kg)表示,按下式计算。

$$\omega = (V_1 \times A \times V_3 \times \rho)/(V_2 \times A_s \times m)$$

式中　ρ——标准溶液中农药的质量浓度,单位为毫克每升(mg/L);

　　　A——样品溶液中被测农药的峰面积;

　　　A_s——农药标准溶液中被测农药的峰面积;

　　　V_1——提取溶剂总体积,单位为毫升(mL);

　　　V_2——吸取出用于检测的提取溶液的体积,单位为毫升(mL);

　　　V_3——样品溶液定容体积,单位为毫升(mL);

　　　m——试样的质量,单位为克(g)。

计算结果保留 2 位有效数字,当结果大于 1 mg/kg 时保留 3 位有效数字。

(二)理化性能检测方法

食品中有机磷农药残留量的测定

(GB/T 5009.20—2003)

1.试样的制备

取粮食试样经粉碎机粉碎,过 20 目筛制成粮食试样;水果、蔬菜试样去掉非可食部分后制成待分析试样。

2. 分析步骤

1）提取

称取 50.00 g 试样,置于 300 mL 烧杯中,加入 50 mL 水和 100 mL 丙酮(提取液总体积为 150 mL),用组织捣碎机提取 1～2 min。匀浆液经铺有两层滤纸和约 10 g Celite 545 的布氏漏斗减压抽滤。取滤液 100 mL 移至 500 mL 分液漏斗中。

2）净化

向滤液中加入 10～15 g 氯化钠使溶液处于饱和状态。猛烈振摇 2～3 min,静置 10 min,使丙酮与水相分层,水相用 50 mL 二氯甲烷振摇 2 min,再静置分层。

将丙酮与二氯甲烷提取液合并经装有 20～30 g 无水硫酸钠的玻璃漏斗脱水滤入 250 mL 圆底烧瓶中,再以约 40 mL 二氯甲烷分数次洗涤容器和无水硫酸钠。洗涤液也并入烧瓶中,用旋转蒸发器浓缩至约 2 mL,浓缩液定量转移至 5～25 mL 容量瓶中,加二氯甲烷定容至刻度。

3）气相色谱测定

(1)色谱参考条件。

①玻璃柱 2.6 m×3 mm(i.d),填装涂有 4.5% DC - 200 + 2.5% OV - 17 的 Chro mosorb W A W DMCS(80～100 目)的担体。

②玻璃柱 2.6 m×3 mm(i.d),填装涂有质量分数为 1.5% 的 QF - 1 的 Chro mosorb W A W DMCS(60～80 目)的担体。

(2)气体速度。

氮气 50 mL/min,氢气 100 mL/min,空气 50 mL/min。

(3)温度。

柱箱 240 ℃,气化室 260 ℃,检测器 270 ℃。

4）测定

吸取 2～5 μL 混合标准液及试样净化液注入色谱仪中,以保留时间定性。以试样的峰高或峰面积与标准比较定量。

5）结果计算

i 组分有机磷农药的含量按下式计算。

$$X_i = (A_i \times V_1 \times V_3 \times E_{si} \times 1\,000)/(m \times V_2 \times V_4 \times A_{si} \times 1\,000)$$

式中　X_i——i 组分有机磷农药的含量,单位为毫克每千克(mg/kg);

　　　　A_i——试样中 i 组分的峰面积,积分单位;

A_{si}——混合标准液中组分的峰面积,积分单位;

V_1——试样提取液的总体积,单位为毫升(mL);

V_2——净化用提取液的总体积,单位为毫升(mL);

V_3——浓缩后的定容体积,单位为毫升(mL);

V_4——进样体积,单位为微升(μL);

E_{si}——注入色谱仪中的 i 标准组分的质量,单位为纳克(ng);

m——试样的质量,单位为克(g)。

计算结果保留两位有效数字。

3. 精密度

在重复性条件下获得的两次独立测定结果的绝对差值不得超过算术平均值的 15%。

植物性食品中有机氯和拟除虫菊酯类农药多种残留量的测定

(GB/T 5009.146—2008)

1. 试样制备与保存

1)试样制备

抽取水果或蔬菜样品 500 g,或去壳、去籽、去皮、去茎、去根、去冠(不可用水洗涤),将其可食用部分切碎后,依次用食品捣碎机将样品加工成浆状。混匀,均分成两份作为试样,分装入洁净的盛样袋内,密闭,标明标记。

2)试样保存

将试样于 0~4 ℃保存。

注:在抽样及制样的操作过程中,应防止样品受到污染或发生残留物含量的变化。

2. 测定步骤

1)提取

称取约 25 g(精确至 0.1 g)试样于 250 mL 具塞锥形瓶中,加入 20 mL 水,混摇后放置 1 h。然后加入 100 mL 丙酮,高速均质提取 3 min,将提取液抽滤于 250 mL 浓缩瓶中。残渣再用 50 mL 丙酮重复提取一次,合并滤液,于 40 ℃水浴中旋转浓缩至约 20 mL。将浓缩提取液转移至 250 mL 分液漏斗中。

在上述分液漏斗中,加入 100 mL 氯化钠水溶液和 100 mL 二氯甲烷,振摇 3 min,静置分层,收集二氯甲烷相。水相再用 2×50 mL 二氯甲烷重复提取两次,合并二氯甲烷相。经无水硫酸钠柱脱水,收集于 250 mL 浓缩瓶中,于 40 ℃水中旋转浓缩至近干,加入 5 mL 乙酸乙酯 – 环己烷(1 + 1)以溶解残渣,并用 0.45 μm 滤膜过滤,待净化。

2)净化

(1)凝胶色谱净化(GPC)。

①凝胶色谱条件。

净化柱:700 mm × 25 mm,Bio Bends S – X3),或相当者。

流动相:乙酸乙酯 – 环己烷(1 + 1)。

流速:5.0 mL/min。

样品定量环:5.0 mL。

预淋洗体积:50 mL。

洗脱体积:210 mL。

收集体积:105 ~ 185 mL。

②凝胶色谱净化步骤。

将 5 mL 待净化液按规定的条件进行净化,合并馏分收集器中的收集液于 250 mL 浓缩瓶中,于 40 ℃水溶中旋转浓缩至近干,加入 2 mL 正已烷以溶解残渣,待净化。

(2)固相萃取净化(SPE)。

将 2 mL 溶解液倾入已预淋洗后的活性炭固相萃取柱中,用 30 mL 正己烷 – 乙酸乙酯(3 + 2)进行洗脱。收集全部洗脱液于 50 mL 浓缩瓶中,于 40 ℃水溶液中旋转浓缩至干。用乙酸乙酯溶解并定容至 2.0 mL,供气相色谱 – 质谱测定。

(3)气相色谱 – 质谱测定。

①气相色谱 – 质谱条件。

色谱柱:30 m × 0.25 mm(内径),膜厚 0.25 m,DB – 5 MS 石英毛细管柱,或相当者。

色谱柱温度:

$$50\ ℃(2\ min)\xrightarrow{10\ ℃/min}180\ ℃(1\ min)\xrightarrow{3\ ℃/min}270\ ℃(14\ min)。$$

进样口温度:280 ℃。

色谱 – 质谱接口温度:280 ℃。

载气:氦气,纯度 ≥99.999% ,1.2 mL/min。

进样量:1 μL。

进样方式:无分流进样,1.5 min 后开阀。

电离方式:EI。

电离能量:70 eV。

测定方式:选择离子监测方式。

溶剂延迟:5 min。

选择监测离子(m/z):每种农药分别选择 1 个定量离子、2～3 个定性(阳性确证)离子。

②定量测定。

根据样液中被测农药含量,选定浓度相近的标准工作溶液,标准工作溶液和待测样液中农药的响应值均应在仪器检测的线性范围内。对混合标准溶液与样液等体积分组、分时段参插进样测定,外标法定量。

③定性测定。

对混合标准溶液及样液按上述规定的条件进行测定时,如果样液与混合标准溶液的选择离子图中,在相同保留时间有峰出现,则根据定性选择离子的种类及其丰度比,对其进行阳性确证。

3)结果计算

按下式计算试样中每种农药残留含量:

$$X_i = (A_i \times C_i \times V)/(A_{si} \times m)$$

式中　X_i——试样中农药 i 残留量,单位为微克每克(μg/g);

　　　A_i——样液中农药 i 的峰面积(或峰高);

　　　C_i——标准工作液中农药 i 的浓度,单位为微克每毫升(μg/mL);

　　　V——样液最终定容体积,单位为毫升(mL);

　　　A_{si}——标准工作液中农药的峰面积(或峰高);

　　　m——最终样液的试样质量,单位为克(g)。

水果和蔬菜中 500 种农药及相关化学品残留量的测定气相色谱－质谱法

(GB/T 19648—2006)

1. 标准溶液配制

1)标准储备溶液

分别称取适量(精确至 0.1 mg)各种农药及相关化学品标准物分别于 10 mL 容量瓶中,根据标准物的溶解性选甲苯、甲苯＋丙酮混合液、二氯甲烷等溶剂溶解并定容至刻度,标准液避光 4 ℃保存,保存期为 1 年。

2）混合标准溶液（混合标准溶液 A、B、C、D 和 E）

按照农药及相关化学品的性质和保留时间，将 500 种农药及相关化学品分成 A、B、C、D、E 五个组，并根据每种农药及相关化学品在仪器上的响应灵敏度，确定其在混合标准溶液中的浓度。

依据每种农药及相关化学品的分组号、混合标准溶液浓度及其标准储备液的浓度，移取一定量的单个农药及相关化学品标准储备溶液于 100 mL 容量瓶中，用甲苯定容至刻度。混合标准溶液避光 4 ℃保存，保存期为 1 个月。

3）内标溶液

准确称取 3.5 mg 环氧七氯于 100 mL 容量瓶中，用甲苯定容至刻度。

4）基质混合标准工作溶液

A、B、C、D、E 组农药及相关化学品基质混合标准工作溶液是将 40 μL 内标准溶液和 50 μL 的混合标准溶液分别加到 10 mL 的样品空白基质提取液中，混匀，配成基质混合标准工作溶液 A、B、C、D 和 E，基质混合标准工作溶液应现用现配。

2. 材料

（1）Envi-18 柱：12 mL，2.0 g 或相当者。

（2）Envi-Carb 活性柱：6 mL，0.5 g 或相当者。

（3）Sep-Pak NH$_2$ 固相萃取柱：3 mL，0.5 g 或相当者。

3. 仪器和设备

（1）气相色谱－质谱仪：配有电子轰击源（EI）。

（2）分析天平：感量 0.01 g 和 0.000 1 g。

（3）均质器：转速不低于 20 000 r/min。

（4）鸡心瓶：200 mL。

（5）移液器：1 mL。

（6）氮气吹干仪。

4. 试样制备

水果、蔬菜样品取样部位按 GB 2763 附录 A 执行，将样品切碎混匀均一化制成匀浆，制好的试样均分成两份，装入净的盛样容器内，密封并标明标记。将试样于 -18 ℃冷冻保存。

5. 分析步骤

1）提取

称取 20 g 试样（精确至 0.01 g）于 80 mL 离心管中，加入 40 mL 乙腈，用均质器在 15 000 r/min 匀浆提取 1 min，加入 5 g 氯化钠，再匀浆提取 1 min，将离心管放入离心机,在 3 000 r/min 离心 5 min,取上清液 20 mL(相当于 10 g 试样量),待净化。

2)净化

(1)将 Envi-18 柱放入固定架上,加样前先用 10 mL 乙腈预洗柱,下接鸡心瓶,移入上述 20 mL 提取液,并用 15 mL 乙腈洗涤柱,将收集的提取液和洗涤液在 40 ℃水浴中旋转浓缩约 1 mL,备用。

(2)在 Envi-Carb 柱中加入约 2 cm 高无水硫酸钠,将该柱连接在 Sep-Pak 氯丙基柱顶部,将串联柱下接鸡心瓶放在固定架上,加样前先用 4 mL 乙腈 – 甲苯溶液(3 +1)预洗柱,当液面到达硫酸钠的顶部时,迅速将样品浓缩液转移至净化柱上,再每次用 2 mL 乙腈 – 甲苯溶液(3 +1)三次洗涤样液瓶,并将洗涤液移入柱中,在串联柱上加上 50 mL 贮液器,用 25 mL 乙腈 – 甲苯溶液(3 +1)洗涤串联柱,收集所有流出物于鸡心瓶中,并在 40 ℃水浴中旋转浓缩约 0.5 mL,每次加入 5 mL 正己烷在 40 ℃水溶中旋转蒸发,进行溶剂交换 2 次,最后使样液体积约为 1 mL,加入 40 μL 内标溶液,混匀,用于气相色谱 – 质谱测定。

3)测定

(1)气相色谱 – 质谱参考条件。

色谱柱:DB-1701(30 m ×0. 25 mm ×0. 25 μm)石英毛细管柱或相当者。

色谱柱温度程序:40 ℃保持 1 mim,然后以 30 ℃/min 程序升温至 130 ℃,再以 5 ℃/min 升温至 250 ℃,再以 10 ℃/min 升温至 300 ℃,保持 5 min。

载气:氦气,纯度 >99. 999%,流速:12 mL/min。

进样口温度:290 ℃。

进样量:1 μL。

进样方式:无分流进样,15 min 后打开分流阀和隔垫吹扫阀。

电子轰击源:70 eV。

离子源温度:230 ℃。

GC-MS 接口温度:280 ℃。

选择离子监测:每种化合物分别选择一个定量离子,2 ~3 个定性离子。

(2)定性测定。

进行样品测定时,如果检出的色谱峰的保持时间与标准样品相一致,并且在扣除背景后的样品质谱图中,所选择的离子均出现,而且所选择的离子丰度比与标准样品的离子丰度比相一致(相对丰度 >50%,允许 ±10% 偏差;相对丰度 20% ~50%,允许 ±15% 偏差;相对丰度 10% ~20%,允许 ±20% 偏差;

相对丰度≤10%,允许±50%偏差),则可判断样品中存在这种农药或相关化学品,如果不能确证,应重新进样,以扫描方式(有足够灵敏度)或采用增加其他确证离子的方式或用其他灵敏度更高的分析仪器来确证。

(3)定量测定。

本方法采用内标法单离子定量测定,内标物为环氧七氯。为减少基质的影响,定量用标准液应采用基质混合标准工作溶液。标准溶液的浓度应与待测化合物的浓度相近。

4)平行试验

按以上步骤对同一试样进行平行测定。

5)空白试验

除不称取试样外,均按上述步骤进行。

6.结果计算和表述

气相色谱－质谱测定结果可由计算机按内标法自动计算,也可按下式计算:

$$X = (A_i \times V \times A_{si} \times C_s \times C_i \times 1\,000)/(m \times C_{si} \times A_s \times A_i \times 1\,000)$$

式中　X——试样中被测物残留量,单位为毫克每千克(mg/kg);

C_s——基质标准工作液中被测物的浓度,单位为微克每毫升(μg/mL);

A_{si}——试样溶液中被测物的色谱峰面积;

A_s——基质标准工作溶液中被测物的色谱峰面积;

C_i——试样溶液中内标物的浓度,单位为微克每毫升(μg/mL);

C_{si}——基质标准工作液中内标物的浓度,单位为微克每毫升(μg/mL);

A_i——试样溶液中内标物的色谱峰面积;

V——样液最终定容体积,单位为毫升(mL);

m——试样溶液所代表试样的质量,单位为克(g)。

计算结果应扣除空白值,测定结果用平行测定的算术平均值表示,保留 2 位有效数字。

三、样品前处理方法 QuEChERS

QuEChERS(Quick、Easy、Cheap、Effective、Rugged、Safe),是近年来国际上最新发展起来的一种 QuEChERS 的用于农产品检测的快速样品前处理技术,由美国农业部 Anastassiades 教授等于 2003 年开发的。

QuEChERS 原理与高效液相色谱(HPLC)和固相萃取(SPE)相似,都是利用吸附剂填料与基质中的杂质相互作用,吸附杂质从而达到除杂净化的目的。

QuEChERS 方法的步骤可以简单归纳为:①样品粉碎;②单一溶剂乙腈提取分离;③加入 $MgSO_4$ 等盐类除水;④加入乙二胺－N－丙基硅烷(PSA)等吸附剂除杂;⑤上清液进行 GC－MS、LC－MS 检测。

QuEChERS 方法有以下优势:①回收率高,对大量极性及挥发性的农药品种的回收率大于 85%;②精确度和准确度高,可用内标法进行校正;③可分析的农药范围广,包括极性、非极性的农药种类均能利用此技术得到较好的回收率;④分析速度快,能在 30 min 内完成 6 个样品的处理;⑤溶剂使用量少,污染小,价格低廉且不使用含氯化物溶剂;⑥操作简便,无须良好训练和较高技能便可很好地完成;⑦乙腈加到容器后立即密封,使其与工作人员的接触机会减少;⑧样品制备过程中使用很少的玻璃器皿,装置简单。

现在 QuEChERS 方法已经成为全球检测水果、蔬菜中农药残留时的标准样品处理方法。其应用也越来越多的涉及不同领域,比如肉类、血液样品、酒,甚至土壤中抗生素、药物、滥用药和其他污染物的检测。

第二节　主要检测设备

一、气相色谱仪

气相色谱仪,是指用气体作为流动相的色谱分析仪器。其原理主要是利用物质的沸点、极性及吸附性质的差异实现混合物的分离。待分析样品在气化室气化后被惰性气体(载气,亦称流动相)带入色谱柱内,柱内含有液体或固体固定相,样品中各组分都倾向于在流动相和固定相之间形成分配或吸附平衡。随着载气的流动,样品组分在运动中进行反复多次的分配或吸附/解吸,在载气中分配浓度大的组分先流出色谱柱,而在固定相中分配浓度大的组分后流出。组分流出色谱柱后进入检测器被测定,常用的检测器有电子捕获检测器(ECD)、氢火焰检测器(FID)、火焰光度检测器(FPD)及热导检测器(TCD)等。

气相色谱仪通常可用于分析土壤中热稳定且沸点不超过 500 ℃的有机物,如挥发性有机物、有机氯、有机磷、多环芳烃、酞酸酯等,具有快速、有效、灵敏度高等优点,在土壤有机物研究中发挥重要作用。能直接用于气相色谱分析的样品必须是气体或液体,因此土壤样品在分析前需要通过一定的前处理方法将待测物提取到某种溶剂中。常用的前处理方法有索氏提取法、超声提取法、振荡提取法、微波提取法等，此外一些新兴的前处理方法如固相萃取法、固相微萃取法、加速溶剂萃取法及超临界萃取法等也正得到广泛使用。

二、气相色谱 - 质谱联用仪

气相色谱 - 质谱联用仪是一种质谱仪，应用于医学、物理学，气相色谱的流动相为惰性气体，气 - 固色谱法中以表面积大且具有一定活性的吸附剂作为固定相。当多组分的混合样品进入色谱柱后，由于吸附剂对每个组分的吸附力不同，经过一定时间后，各组分在色谱柱中的运行速度也就不同。吸附力弱的组分容易被解吸下来，最先离开色谱柱进入检测器，而吸附力最强的组分最不容易被解吸下来，因此最后离开色谱柱。如此，各组分得以在色谱柱中彼此分离，顺序进入检测器中被检测、记录下来。

质谱分析是一种测量离子荷质比（电荷 - 质量比）的分析方法，其基本原理是使试样中各组分在离子源中发生电离，生成不同荷质比的带正电荷的离子，经加速电场的作用，形成离子束，进入质量分析器。在质量分析器中，再利用电场和磁场使发生相反的速度色散，将它们分别聚焦而得到质谱图，从而确定其质量。

气相色谱法 - 质谱法联用（GC - MS）是一种结合气相色谱和质谱的特性，在试样中鉴别不同物质的方法。其主要应用于工业检测、食品安全、环境保护等众多领域，如农药残留、食品添加剂等；纺织品检测，如禁用偶氮染料、含氯苯酚检测等；化妆品检测，如二噁烷、香精香料检测等；电子电器产品检测，如多溴联苯、多溴联苯醚检测等；物证检验中可能涉及各种各样的复杂化合物，气质联用仪器为这些司法鉴定过程中复杂化合物的定性定量分析提供强有力的支持。

三、AFS - 双道原子荧光分光光度计

（一）氢化物 - 无色散原子荧光的测量原理

将被测元素的酸性溶液引入氢化物发生器中，加入还原剂后即发生氢化反应并生成被测元素的氢化物；元素氢化物进入原子化器后即解离成被测元素的原子；原子受特征光源的照射后产生荧光；荧光信号被转变为电信号，由检测系统检出。

（二）仪器组成

仪器由四大部分组成，见图3-1。

（1）进样系统（氢化反应系统和气路控制系统），包括半自动和全自动蠕

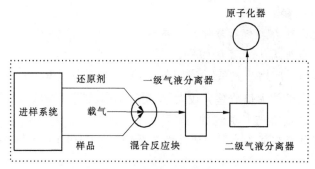

图 3-1　氢化反应系统结构

动泵进样和顺序注射进样。

（2）原子化系统（高温点火和低温点火）。

（3）特征光源（无极放电灯和空心阴极灯）。

（4）检测系统。

（三）顺序注射进样的优缺点

顺序注射结构如图 3-2 所示。

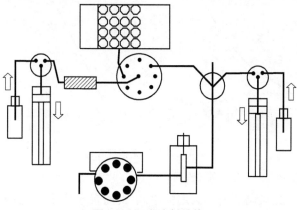

图 3-2　顺序注射结构

1. 优点

（1）消除了蠕动泵进样的缺陷，改善了仪器的检出限和精密度。

（2）自动配置标准曲线和稀释高浓度样品，提高了仪器的自动化程度。

（3）自动去除还原剂产生的气泡。

（4）省气、省试剂。

2. 缺点

结构复杂，成本较高。

（四）仪器参数设置

1. 荧光强度 I_f 与仪器条件的关系

1）荧光强度 I_f 与负高压的关系

I_f 与负高压成指数关系（见图 3-3（a）），一般选择 – 300 V 即可。注意：光电倍增管之间的放大倍数差异较大，这可以通过改变负高压来弥补。

2）荧光强度 I_f 与灯电流的关系

I_f 与灯电流在某一范围内成线性关系（见图 3-3（b）），不同的灯其电流范围不一样。

一般情况下，Hg：10 ~ 50 mA；其他：60 ~ 120 mA；常用：80 mA。

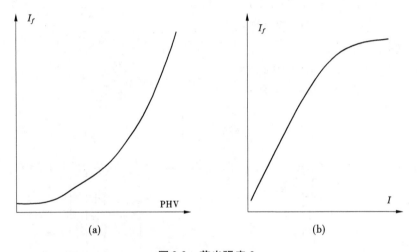

图 3-3　荧光强度 I_f

3）荧光强度 I_f 与原子化器高度的关系

炉高 h，将光斑调到内层火焰的中间，此时灵敏度最高，稳定性最好；在低温点火看不清火焰的情况下，尽量提高炉子，但本底荧光强度要在以下范围：Hg，在 300 以内；其他，在 100 以内。

4）荧光强度 I_f 与载气、屏蔽气流量的关系

一般情况下，载气、屏蔽气流量越大，稳定性越好，但灵敏度越低。

通常情况下，As、Sb——载气：300 mL/min；屏蔽气：800 mL/min。

其他——载气：400 mL/min；屏蔽气：1 000 mL/min。

2.仪器测量条件的设置

1）酸度

一般情况下，用 5% ～10% 的酸度即可。Pb 废液中的 pH =9。

2）硼氢化钾浓度

一般情况下，硼氢化钾 2% ,硼氢化钠 1.5% 。冷 Hg: 硼氢化钾 0.04% 。

3）环境温度

温度太低,反应不完全;温度太高,硼氢化钾起泡。

仪器使用温度:15 ~35 ℃。

3.影响仪器灵敏度的主要因素

（1）负高压。

（2）灯电流。

（3）载气、屏蔽气流量。

（4）原子化器高度。

（5）硼氢化钾浓度、酸度。

（6）环境温度 。

（7）光路。

（8）进样系统(蠕动泵管、氢化物气体流路堵塞、泵速)。

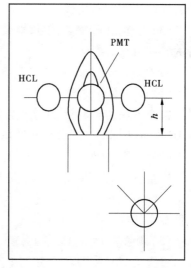

图 3-4

4.影响仪器稳定性的主要因素

仪器不稳定,有两种现象:漂移和波动。

1）漂移

对于由电子元器件及原子化器引起的热漂移可以采取仪器预热来规避,一般预热时间 15 ~20 min。

若是由元素灯引起的热漂移,可以采取大电流空启动预热,小电流实测来解决。

灯漂移引起的误差补救:斜率校正(线性测量)、截距校正(重做空白)。

泵管疲劳引起漂移会直接导致进样量逐渐减少。

漂移产生的原因判断:

（1）将灯拔掉或用胶纸挡住 A、B 道灯透镜,不进样,空启动,看仪器本底荧光强度是否有漂移,如有,则为仪器本身的热漂移。

（2）加灯,不进样,空启动,看仪器荧光强度是否有漂移,如有,则为所对应的那道灯产生的漂移。

（3）进样，实际测量，看仪器荧光强度是否有漂移，如有，则有可能是由泵管的疲劳引起的漂移。

2）波动

（1）仪器本身波动。

检查方法：与漂移（1）检查方法相同；如有波动，则产生波动的原因可能有 D2 - 4052 坏了或者负高压块坏了。

（2）灯引起的波动。

检查方法：与漂移（2）检查方法相同；如有波动，则可改变灯电流（升高或降低常用的灯电流值）或换灯。

（3）测量条件和进样系统引起的波动。

检查方法：看火焰稳定性；如有波动，则可能的原因如下：

①载气、屏蔽气流量；

②原子化器高度；

③硼氢化钾浓度和酸度；

④光路；

⑤氢化物气体流路漏气、堵塞或有水珠；

⑥高浓度样品记忆。

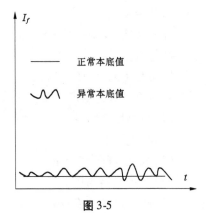

图 3-5

四、原子吸收分光光度计

（一）原子吸收光谱法基本原理

原子吸收光谱法（Atomic Absorption Spectra，AAS）是基于气态的基态原子外层电子对紫外光和可见光的吸收为基础的分析方法。从光源发出的被测元素特征辐射通过元素的原子蒸气时被其基态原子吸收，由辐射的减弱程度测定元素含量的方法。

（二）原子吸收光谱法技术特点

1. 优点

（1）检出限低：FAAS ppm（10^{-6}）级，有的元素可达 ppb（10^{-9}）级；GFAAS 达 10^{-9} ~ 10^{-14}（ppt 级或更低）。

（2）准确度高：FAAS 的 RSD 可达 1% ~ 3%。

（3）干扰小，选择性好，原子吸收光谱是元素的固有特征。

（4）抗干扰能强，一般不存在共存元素的光谱干扰，干扰主要来自化学干扰。

（5）测定范围广，可测 70 种元素。

2. 缺点

（1）多元素同时测定有困难。

（2）非金属（Si、P）及难熔元素（Ta、Zr、Hf、W）测定有困难。

（3）复杂样品分析干扰严重。

（4）石墨炉原子吸收分析重现性较差。

（三）石墨炉原子吸收法

原子吸收光谱法分为石墨炉原子吸收法和火焰原子吸收法两个部分，以下主要介绍石墨炉原子吸收检测技术原理和分析条件选择。

1. 石墨炉原子吸收检测技术原理

石墨炉原子化器是无火焰加热原子化器，原理是将试样放置在电阻发热体（石墨管）上，用大电流通过电阻发热体，产生 2 000 ~ 3 000 ℃高温，使试样蒸发和原子化。

其优点是：绝对灵敏度高，样品量小，原子化效率高，检出限达 10^{-12} ~ 10^{-14}。

缺点是：基体效应大，背景干扰大，重现性较火焰差，化学干扰多。

2. 石墨炉原子吸收分析条件选择

1）石墨管的选择

石墨炉作为原子化器高温时常产生复杂的化学反应，致使基体对待测元素信号产生抑制或增强效应，而在分析过程中会产生下列问题：①高温使石墨管壁飞溅出石墨微粒而增加光散射；②测定高温元素，造成大量碳升华，石墨管严重劣化，寿命缩短；③石墨管多孔引起试液渗入管壁和原子蒸气通过管壁造成损失，灵敏度降低，重现性变差；④普通石墨管测定高温元素，记忆效应严重，易与试液中某些元素形成难熔碳化物。

综上所述，一定要选择合适的石墨管来应对实验中的不同问题。测定低温元素 Pb、Cd 时，选择普通石墨管；测定高温元素 Cr 时，选择长寿命石墨管（ELC 热解涂层石墨管）；对于 Al、B、Be、Sn 和稀土元素的测定，可以选择涂层石墨管（普通石墨管或热解石墨管涂覆 La、Mo、Ta、V、W 的碳化物，改善石墨管表面物理化学特性）。

2）干燥温度和时间的选择

80 ~ 120 ℃低温加热，目的是蒸发试样溶液中的溶剂或水分。

干燥温度选择应避免样品溶液过于猛烈沸腾、飞溅,保证有较快的蒸干速度。干燥温度应约高于溶剂沸点。为防止液体飞溅,可选择低于溶剂沸点温度,延长干燥时间。水溶液沸点 100 ℃,干燥温度可选择 90~120 ℃;甲基异丁基酮(沸点 117 ℃),干燥温度可在 110~120 ℃。

干燥时间选择与进样体积以及试液黏度有关,对于有机液体、盐分、油脂等,可适当延长干燥时间。

3)灰化温度和时间的选择

灰化温度:被测元素不损失的最高温度。

目的:保证被测组分没有明显损失的前提下尽量破坏基体组分,除去样品中易挥发组分,减少甚至完全消除基体干扰。

灰化时间:有机物、生物样品、海水等盐分高样品灰化时间适当延长,对于无机样品,应缩短灰化时间,特别是测定 Pb 元素时,灰化时间过长容易损失。

4)原子化温度和时间的选择

目的:寻找最佳原子化温度,获得足够灵敏度,准确定量。

原子化温度选择:保证获得最大原子吸收信号,尽量使用较低温度。

原子化时间选择:使吸收信号在原子化阶段回到基线。

石墨管使用寿命:考虑尽可能短时间 3~4 s,高温元素 4~6 s。

原子化温度:高于 O 点 50~100 ℃,过高的原子化温度会降低测试灵敏度,并缩短石墨管寿命。

最佳原子化温度通过实验确定,总结如下:低温原子化元素,原子化温度≤2 000 ℃;中温原子化元素,原子化温度 2 000~2 500 ℃;高温原子化元素,原子化温度≥2 500 ℃。

5)净化温度和时间的选择

目的:热除残净化,不影响下一个样品的测定。

温度选择:高于原子化温度 100~200 ℃。

时间选择:2~3 s。

6)保护气(Ar)流量选择

目的:保证无氧,延长石墨管寿命,减缓其表面物理化学性质变坏(CO、CO_2),避免待测元素被氧化。

供气方式:内外单独供气。外部气体连续,流量 100~300 mL/min,内部气流小。

五、微波消解仪

微波消解试样的原理:称取 0.2 ~ 1.0 g 的试样置于消解罐中,加入约 2 mL 的水,加入适量的酸。通常是选用 HNO_3、HCl、HF、H_2O_2 等,把罐盖好,放入炉中。当微波通过试样时,极性分子随微波频率快速变换取向,2 450 MHz 的微波分子每秒变换方向 2.45×10^9 次,分子来回转动,与周围分子相互碰撞摩擦,分子的总能量增加,使试样温度急剧上升。同时,试液中的带电粒子(离子、水合离子等)在交变的电磁场中,受电场力的作用而来回迁移运动,也会与临近分子撞击,使得试样温度升高。这种加热方式与传统的电炉加热方式截然不同。

(1)体加热。电炉加热时,通过热辐射、对流与热传导传送能量,热是由外向内通过器壁传给试样,通过热传导的方式加热试祥。微波加热是一种直接的体加热方式,微波可以穿入试液的内部,在试样的不同深度,微波所到之处同时产生热效应,这不仅使加热更快速,而且更均匀,大大缩短了加热的时间,比传统的加热方式既快速又效率高。如氧化物或硫化物在微波(2 450 MHz、800 W)作用下,在 1 min 内就能被加热到摄氏几百度。又如 MnO_2 1.5 在 650 W 微波加热 1 min 可升温到 920 K,可见升温的速率非常快。传统的加热方式(热辐射、传导与对流)中热能的利用部分低,许多热量都发散到周围环境中,而微波加热直接作用到物质内部,因而提高了能量利用率。

(2)过热现象。微波加热还会出现过热现象(比沸点温度还高)。电炉加热时,热是由外向内通过器壁传导给试样,在器壁表面上很容易形成气泡,因此就不容易出现过热现象,温度保持在沸点上,因为气化要吸收大量的热。而在微波场中,其"供热"方式完全不同,能量在体系内部直接转化。由于体系内部缺少形成气"泡"的"核心",因而对一些低沸点的试剂,在密闭容器中,就很容易出现过热现象,可见,密闭溶样罐中的试剂能提供更高的温度,有利于试样的消化。

(3)搅拌。由于试剂与试样的极性分子都在 2 450 MHz 电磁场中快速地随变化的电磁场变换取向,分子间互相碰撞摩擦,相当于试剂与试样的表面都在不断更新,试样表面不断接触新的试剂,促使试剂与试样的化学反应加速进行。交变的电磁场相当于高速搅拌器,每秒搅拌 2.45×10^9 次,提高了化学反应的速率,使得消化速度加快。由此综合,微波加热快、均匀、过热、不断产生新的接触表面。有时还能降低反应活化能,改变反应动力学状况,使得微波消解能力增强,能消解许多传统方法难以消解的样品。由以上讨论可知,加热的快慢和消解的快慢不仅与微波的功率有关,还与试样的组成、浓度以及所用试剂即酸的种类和用量有关。要把一个试样在短时间内消解完,应该选择合适的酸、合适的微波功率与时间。

微波消解涉及的环境样品包括土壤、固体垃圾、煤、煤飞灰、海洋沉积物、淤泥、废水等。许多环境样品都是经过复杂作用,沉积后的产物,基体成分复杂,既有重金属又有农药残留,由于环境样品的多样性、基体的复杂性,针对被测组分和测试手段的不同,需要查询大量的文献资料以确定样品性质及所需的消解试剂。环境样品中通常含有一些有机物,常压下用酸不易完全消解,而密闭微波消解能够很好地解决这一问题,另外,一些易挥发元素也不会造成损失。

现在微波消解仪的主要生产厂家有奥谱勒(APL)、CEM(培安)、安东帕、新仪、屹尧等,以上厂家的仪器在全球用户较多。

多功能恒温消解仪是依据经典湿法消解原理研制对不同样品进行消解、转化的设备,主要用于农业、林业、环保、地质、石油、化工、食品等部门以及高等院校、科研部门对植株、种子、饲料、土壤、矿石等样品化学分析之前的消解处理。

第三节　检测设备日常维护及故障排除

一、气相色谱仪日常维护及故障排除

气相色谱分析是在气相色谱仪上进行的分析,所以分析谱图的不正常不仅反映人为的原因,更多的是仪器上的原因。现代气相色谱仪都有不同的故障自我诊断功能,可以给出仪器故障的原因,给分析人员极大的方便,但更多的是需要去判断。为了少出故障和尽快排除故障,人们必须遵循色谱仪安装调试的要求,并定时进行检定,尽量减少操作失误对分析的干扰,为了能安全使用和获得正确的实验结果,以下介绍气相色谱仪在使用中的注意事项及故障的排除,以供参考。

(一)气相色谱仪的安装要求

气相色谱仪在安装时对环境有一定的要求,具体如下:

(1)环境温度应在 5 ~ 35 ℃,相对湿度 <85% 。

(2)室内应无腐蚀性气体,离仪器及气瓶 3 m 以内不得有电炉和火种。

(3)室内不应有足以影响放大器和记录仪(或色谱工作站)正常工作的强

磁场及放射源。

(4)电网电源应为 220 V(进口仪器必须根据说明书的要求提供合适的电压),电源电压的变化应在 5% 范围内的瞬间波动不得超过 5 V。电频率的变化不得超过 50 Hz 的 1%(进口仪器必须根据说明书的要求提供合适的电频率)。配备稳压器时,其功率必须大于使用功率的 1.5 倍。

(5)仪器应平放在稳定可靠的工作台上,周围不得有强震动源及放射源,工作台应有 1 m 以上的空间位置。

(6)有的气相色谱仪要求有良好的接地,接地电阻必须满足说明书的要求(美国规定绿色是地线,黑色是火线,白色是零线。英国规定绿/黄色是地线,褐色是火线,蓝色是零线)。

(7)气源采用气瓶时,气瓶不宜放在室内,放室外必须防太阳直射和雨淋。

(二)气相色谱仪故障和操作失误的排除

气相色谱仪由六大单元组成,任一单元出现问题最终都会反映到色谱图上。现代的气相色谱仪很多都具备故障诊断功能,能不同程度地给出仪器故障的判断。尽管如此,许多的问题尤其是操作失误的问题仍需靠工作人员的努力,故障和失误可用逐个单元检查排除法。

1. 气路

气路的检查在故障的排除中往往十分有效,主要是检查以下几方面:

(1)气源是否充足(一般要求气瓶压力必须大于 3 MPa,以防瓶底残留物对气路的污染)。

(2)阀件是否有堵塞,气路是否有泄漏(采用分段憋压试漏或用皂液试漏)。

(3)净化器是否失效(看净化器的颜色及色谱基流稳定情况)。

(4)阀件是否失效或堵塞(看压力表及阀出口流量)。

(5)气化室内衬管是否有样品残留物及隔垫和密封圈的颗粒物(看色谱基流稳定情况)。

(6)喷口是否堵塞(看点火是否正常)。

(7)对敏感化合物的分析,气化室的衬管和石英玻璃毛细管柱还必须经过失活处理。在使用毛细管柱时,其柱头压力见表3-3。这可以作为柱前压力控制的参考。

以上所有值是指载气为氦时,氢与之相近;采用氮气时,柱前压明显增高;液膜厚度增加或载气流速增大时,柱前压也增高,反之亦然。

2. 色谱柱系统

色谱柱是分析的心脏部分,往往色谱图上的许多问题都与色谱柱系统密切相关,为此必须按以下步骤检查柱系统。

表 3-3　柱头压力近似值

柱温 20 ℃;载气(氦气)线速 30 cm/s;液膜厚度 0.25 μm

柱长 (m)	柱内径 I.D.						
	0.05 mm	0.10 mm	0.18 mm	0.25 mm	0.32 mm	0.45 mm	0.53 mm
10	110psig	27psig	7.3psig	3.8psig	2.3psig	1.2psig	0.8psig
15		54psig	—	5.7psig	3.4psig	1.7psig	1.3psig
20			15psig	—	—	—	—
25			—	10psig	5.8psig	2.9psig	2.1psig
30			—	12psig	6.9psig	3.5psig	2.5psig
40			32psig	—	—	—	—
50				21psig	12psig	5.8psig	4.2psig
60				25psig	15psig	7.0psig	5.0psig
100			—	42psig	25psig	12psig	8.6psig

注:psig 指每平方英寸磅表压,换算为标准单位近似为 1 psig = 6 894.76 Pa。

1)色谱柱的连接

检查柱后是否有载气;柱子连接是否有问题,尤其是毛细管柱的柱头是否堵塞;切割是否平整;是否有聚酰亚胺涂层柱端;毛细管柱两头插入气化室和检测器的位置是否正确;柱子是否超温运行或未老化好;密封圈选择是否合理。

毛细管柱在选用密封圈时必须考虑以下几方面:石墨垫易变形,有极好的再密封性,其上限温度是 450～450 ℃;VespelJM 很坚硬,再受影响,其上限温度为 350 ℃。VG1 和 VG2 是由石墨和 VespelJM 组成的,改善了再密封性,可重复使用,上限温度为不锈钢填充柱在高于 200 ℃ 时,可选用石墨、不锈钢或紫铜作为密封圈;在低于 200 ℃ 时,可选用硅橡胶或聚四氟乙烯作为密封圈;玻璃填充柱可根据使用温度分别选用石墨、硅橡胶或聚四氟乙烯作为密封圈。

2)色谱柱的柱容量

柱容量在柱分析中是很重要的影响因素。柱容量的定义是:在色谱峰不发生畸变的条件下,允许注入色谱柱的单个组最大量(以 ng 计)。当注入色谱柱的单个组分的量超出柱容量,则出现前伸峰(或前沿峰)。前伸峰使色谱峰展宽,造成可能的积分误差及共洗脱问题,并出现保留时间的变化。柱容量与单位柱长内所存在的固定相数量有关,在选择进样量与分流比时典型的例子是采用 0.25 mm 内径,液膜厚度为 0.25 mm 的毛细管柱,分析组分浓度为 1% ~2%进样 1 mL 时,其分流比就必须在 1:100,这时被分析组分的量为 125 ~175 ng,若分析组分浓度高于 2%就必须减少进样量或增加流比。

3)载气的线速

20%的情况,氢气、氦气、氮气的线速分别可采用 35 ~120 cm/s、20 ~60 cm/s、10 ~30 cm/s。载气在气相色谱分析中的影响不仅表现在载气速度影响溶质分子沿柱的移动速度,而且溶质扩散会通过载气影响色谱扩张,通常表现在对理论塔板高度的影响。

表 3-4　毛细管柱最佳线速和流量

内径(mm)	0.10	0.25	0.32	0.53
线速(cm/s)	40 ~50	25 ~35	20 ~35	18 ~27
流量(mL/min)	0.2 ~0.3	0.7 ~1	1 ~1.7	2.4 ~3.5

在维持柱效降低不大于 20%的情况下,氢气、氦气、氮气的线速分别可采用 35 ~120 cm/s、20 ~60 cm/s、10 ~30 cm/s。能看出采用不同的载气,可适用的线速范围有很大的不同。不同管径的气相色谱毛细管柱的最佳线速和流量可参考表 3-4 进行调节。

对不同的检测器,可以用不同化合物作为死时间性 $t_M(s)$ 计算的基础。

FID:甲烷或丁烷。

ECQ:二氯甲烷或二氯二氟甲烷(柱温高于 50 ℃)。

NP:乙腈(柱温高于 90 ℃)。

ECDM:甲烷、丁烷和空气。

PID、ELCD:氯乙烯。

4)色谱柱的流失

柱流失一直是色谱工作者关心的课题,当系统泄漏进入氧气或有样品污染时,都会导致色谱柱内固定相分解,最后表现在基线上,其现象与处理分别如下:

(1)基线急剧上升,形成峰后呈下降趋势,这可能是因为系统曾泄漏进入氧气,这时色谱老化至基线正常。

(2)基线急剧上升,伴有假峰持续出现,基线到达最高处后成持续下降趋势,这可能是有非挥发性样品色谱柱,导致过量柱流失,解决的方法是先截取色谱柱柱头 0.5 m,而后在高温下老化色谱柱至基线正常。

(3)基线急剧上升,一直维持在某一水平,这可能是一个未知因素未被排除,必须想法排除。

5)溶剂样品的分析

许多样品分析时会出现异常现象,最常见的是溶剂样品,其特例为水样的分析。

水不是一种理想的溶剂,主要由于以下几方面原因:

(1)从气相色谱的角度来看:①它有很大的蒸发膨胀体积;②在许多固定相中水的润湿性和溶解性差;③水会影响某些检测器的正常检测并会对色谱柱的固定相造成化学损伤。

(2)在常用的色谱溶剂中,水具有最大的汽化膨胀体积,见表3-5。①它有很大的蒸发膨胀体积;②在许多固定相中水的润湿性和溶解;③水会影响某些检测器的正常检测和会对色谱柱的固定相造成化学损伤。

(3)水会使 FID 和 FPD 灭火。当进较大水样时,为了避免检测器灭火,可以加大氢气流量以降低 ECD 的灵敏度,为避免水的影响,可采用厚液膜柱,使被分析组分保留足。

表3-5　常见色谱溶剂

溶剂	近似蒸汽体积(μL)	溶剂	近似蒸汽体积(μL)
异辛烷	110	二氯甲烷	285
正己烷	140	二硫化碳	300
甲苯	170	乙氰	350
乙酸乙脂	185	甲醇	450
丙酮	245	水	1 010

通常色谱仪的进样衬管体积200～900 ℃时为 1 时,其气化后的蒸积(大约1010)胀溢出衬管,称为倒灌。其将导致气化的样品返入载气和吹扫气路,由于载气吹扫气路的温度较气化室低许多,进样凝结在这儿,在后来的分析中被气体吹入分析系统形成鬼峰。避免的方法为采用加大衬管体积、减小进样体积、降低进样器温度、提高进样器压力、增加载气流速以减少倒灌现象。水进入色谱柱,水的形态对色谱柱的固定相具有破坏性。因为水的表面能很高,而大部分毛细管柱固定相的表面能都会导致水对固定相的湿润性很差,不能在色谱柱壁上形成光滑的溶剂膜均匀地流过色谱柱,而形成液滴,导致色谱

柱变差。由于水的这种很差的润湿性和相对其他溶剂较高的沸点,通常在较低柱温的情况下,一部分水以液体状态流过柱,使在水中具有良好溶解性的溶质也会表现出谱带展宽,在极端的情况下,表现出色谱峰分裂。在柱上进样时,不挥发的化合物,如水溶性的盐类,也会被液态水带入色谱柱,污染色谱柱和分析系统。

更为严重的问题是水会引起许多固定相的降解,直接破坏色谱柱的性能。在色谱分析时,反映出色谱峰分离性能下降、基流不稳、噪声增大。

所以,进水样分析含水量较大的样品时必须十分小心。这在溶剂分析的情况下也会出现。典型的是微量有机物萃取物无论用二氯甲烷还是二硫化碳作溶剂,进样为 1 时,体积膨胀大约为 300,当进样插管体积小于 300 时,就会形成倒灌。所以,无论什么样品,其进样量的大小都必须与进样器内插管的体积相适应,这方面各种型号的仪器都配有不同形式的进样插管以供选用;同时,进大量溶剂也会对固定相形成洗涤作用,直接破坏色谱柱的性能,在色谱分析时,使保留时间提前、色谱峰分离性能下降、基流不稳、噪声增大。所以,在分析稀溶液样品时,必须注意溶剂和进样量的选择。

3. 各系统的加热控制

各系统加热控制的检查更多的是属于仪器上的问题,检查各系统的加热控制是否正常,一般可先用手感,后用测温计测温度,看是否与显示值一致。有问题先看加热元件和测温元件是否正常,然后检查温控板。常见的是加热元件和测温元件出问题,可以更换相应元件。检查温控板是否有问题,可以采用更换温控板后重新测试的办法,温控板有问题一般更换温控电路板。

4. 放大器

正常情况放大器输出与采集系统已连接好,检查放大器时可先将放大器输入端与检测器断开,此时打开放大器,采集反映出来的是基线跳到一个新水平,此时基线应平稳为一直线,且基流高低与放大器衰减和增益都成正比,极性倒向时有很大跳跃,调零功能也应正常反映到基流上,否则,放大系统就有问题,需检修。若是基线抖动,噪声大,可能是放大器输入极绝缘性能下降所致。可以将放大器的绝缘盒打开,用红外灯烘烤,或将放大器放入干燥器中烘干。

5. 检测器

在前面的基础上,将色谱柱、检测器、放大器与采集系统都连接好,通载气并启动检测器(FID、PID、NPD 升温后点火,ECD 加工作电流),则采集系统反映出来的是基流跳到一个新的水平。改变工作电流或氢气流量(FID,PID)基流都将改变,这说明检测器信号已到达采集系统。在气化室和柱温维持常温的条件下,基流若平稳,则说明检测器没问题。若基线不满足要求,可能是检测器污染或检测器问题,必须加以排除。在气化室和色谱炉升温的条件下,若基线不满足要求,可能是气化室中衬管或硅橡垫污染,也可能是色谱柱未老化好或色谱柱污染,必须逐一加以排除。

气相色谱仪中的不同检测器机制各不相同,为了保证检测器的正常运行,在使用时提出不同的注意事项。

下面主要介绍 FID 和 ECD 在使用时的注意事项。

1)氢火焰检测器在使用中的注意事项

由于 FID 对烃类组分的检测灵敏度较高,为了保证基线稳定,必须注意以下几点:

(1)三种气体的净化管内必须填装活性炭,用以去除气体中微量烃类组分。

(2)色谱柱的固定相必须在最高使用温度下充分老化,减少固定液流失和固定液中溶剂的挥发所造成的基线漂移。

(3)高温下使用时,气化室硅橡胶垫必须先高温老化,避免出怪峰。

(4)FID 系统停机时,必须先将气关闭,即先关气熄火,然后再关检测器的温度控制器和色谱炉降温,最后关载气。如果开机时,FID 温度低于 100 ℃时就通气点火;或关机时,不先关电熄火后降温,则容易造成 FID 收集极积沙缘下降,会引起基线不稳。

(5)分析时,应注意保证溶剂和主组分燃烧完全。当空气不足时,由于燃烧不完全,喷口、收集极形成结炭和污染,导致噪声增大、收集效率降低,从而影响使用。所以,保证空气量是很重要的。

2)热导检测器在使用中的注意事项

通常热导检测器的惠更斯电桥中加热丝在 600 ~ 700 ℃的高温下工作,因此必须注意以下事项:

(1)严格遵守热导检测器先通载气后通热导工作电流的操作原则,在长期停机后重新启动操作时,应先通载气 15 min 以上。

(2)加热导工作电流,以保证热导元件不被氧化或烧坏,热导池尾气排空处的载气流量是鉴别热导池是否通气的有效方法。给定桥电流的大小与载气种类有关,也与热导池工作温度有关,并需考虑被分析对象对检测器的灵敏度要求,具体数值参照所用仪器说明书中热导池桥电流给定曲线。关机时首先必须关闭检测器的工作电流,其次必须在柱箱和检测器温度降到 70 ℃以下,才能关闭气源。TCD 的稳定性受外界条件影响,外界条件影响的大小可参考

表 3-6,从表 3-6 可以看出热丝温度对 TCD 响应影响最大,热丝温度主要受桥电流影响,但也受检测器的温度和载气流量大小的影响。所以,除了设计上要求桥电流稳定外,对载气流速测器的温度也有较高的要求。一般情况下,检测器的温度波动应小于 ± 0.01 ℃,载气流量波动应小于 $\pm 1\%$。

表 3-6　外界因素对 TCD 响应值的影响

影响因素		影响数值
热丝温度		12 400 $\mu V/℃$
桥电流		40 $\mu V/Ma$
载气流量	单臂	25 $\mu V/(mL \cdot min)$
	双臂	7 $\mu V/(mL \cdot min)$
池压力	单臂	17.3 $\mu V/kPa$
	双臂	1.12 $\mu V/kPa$

6. 采集系统

数据采集与处理系统目前多用计算机或微处理机,无论是工作站、微处理机还是记录器,可将其输入端短路,基线一定回零,而且平稳走直线,松开后基线跳到一个新水平。用手触输入端基线明显跳跃,则为正常,否则就出现问题,这方面出问题可以找有关专家解决。一般情况下,微处理机要求外壳有很好的接地,最好是单独接地。采集系统正常后可以连入色谱仪系统,在仪器正常操作的条件下,可以通过对采集的信号进行判断以排除故障。

二、气相色谱 – 质谱联用仪常见故障的排除

气相色谱 – 质谱联用技术得到较快发展,已广泛应用于各领域,成为分析复杂混合物最有效的手段之一。在使用仪器的过程中,经常会出现各种各样的故障,影响分析测试工作的正常进行。因此,如何迅速、准确地判断故障原因,是仪器操作人员经常面临和急需解决的问题。下面对气相色谱 – 质谱联用仪常见故障的可能原因及故障排除方法进行了总结和归纳,供仪器操作人员参考。

(一)与质谱仪调谐相关的故障现象

(1)故障现象:调谐参数改变时,调谐峰强度的变化滞后。

故障原因及排除方法:①离子源被污染,排除方法是对离子源依次用甲醇、丙酮超声清洗各 15 min;②预四级杆被污染,排除方法是对预四级杆依次用甲醇、丙酮超声清洗各 15 min;③离子源部件未安装到位,电路未接通,排

除方法是将离子源拆下,重新安装。

(2)故障现象:调谐质谱仪时,需要过高的离子能量和推斥电压。

故障原因及排除方法:①离子能量过高是由于离子源被污染,推斥电压过高是预四级杆、四级杆被污染,排除方法是对离子源、预四级杆、四级杆依次用甲醇、丙酮超声清洗各 15 min;②质谱仪调谐未达到最佳状态,排除方法是重新调谐质谱仪。

(3)故障现象:调谐参数改变时,仪器响应不明显。

故障原因及排除方法:离子源短路或电路未接通,排除方法是取出离子源,用万用表测量各部件间的电路连接是否正常。

(4)故障现象:调谐峰的形状不好,有肩峰。

故障原因及排除方法:①质谱仪调谐未达到最佳状态,排除方法是重新调谐质谱仪;②离子源被污染,排除方法是对离子源依次用甲醇、丙酮超声清洗各 15 min;③分析器有缺陷或损坏,排除方法是检查分析器外观是否有缺陷或损坏。

(5)故障现象:调谐时,无参考峰出现。

故障原因及排除方法:①参考标样全氟砒丁氨瓶中无参考标样,排除方法是添加参考标样全氟砒丁氨;②参考标样的管路被堵塞,排除方法是拆下管路,用丙酮超声清洗;③空气泄漏,排除方法是检查空气峰 m/z 28 的高度,若大于 10% 氦气峰 m/z 4,表明有空气泄漏,用注射器将丙酮滴在各接口处,通过观察丙酮的分子 m/z 58 的强度变化,进一步查明泄漏的确切位置。

(6)故障现象:出现不规则、粗糙的调谐峰。

故障原因及排除方法:①离子源被污染,排除方法是对离子源依次用甲醇、丙酮超声清洗各 15 min;②灯丝老化,排除方法是更换灯丝;③质谱仪调谐未达到最佳状态,排除方法是重新调谐质谱仪。

(7)故障现象:m/z 18、28、32 峰大于 10% 氦气峰 m/z 4。

故障原因及排除方法:①空气泄漏,排除方法是检漏,检查柱子的连接情况;②氦气即将用尽,气瓶内杂质富集,排除方法是更换载气瓶并安装脱气装置;③新近清洗的离子源未烘干,排除方法是设置 250 ℃ 的离子源温度,烘烤离子源。

(8)故障现象:灯丝状态良好时,无离子产生。

故障原因及排除方法:①离子源需要重新校准,排除方法是利用校准工具重新校准离子源;②空气泄漏严重,排除方法是检漏并紧固各连接处。

（二）与校准和灵敏度相关故障现象、产生故障的可能原因及排除方法

（1）故障现象：质谱仪的质量标尺无法校准。

故障原因及排除方法：①质谱仪调谐未达到最佳状态，排除方法是重新调谐质谱仪；②离子源温度过高或过低，排除方法是将离子源温度设在 180 ~ 220 ℃；③空气泄漏，排除方法是检查空气峰 m/z 28 的高度，若大于 10% 氩气峰 m/z 4，表明有空气泄漏，用注射器将丙酮滴在各接口处，通过观察丙酮的分子 m/z 58 的强度变化，进一步查明泄漏的确切位置；④发射电子的能量不合适，排除方法是将发射电子的能量设定为 70 eV。

（2）故障现象：灵敏度低。

故障原因及排除方法：①质谱仪调谐未达到最佳状态，排除方法是重新调谐质谱仪；②质谱仪的质量标尺校准不精确，排除方法是重新校准质谱仪的质量标尺；③离子源被污染，排除方法是对离子源依次用甲醇、丙酮超声清洗各 15 min；④离子源温度过高或过低，导致样品分解或吸附在离子源内，排除方法是调节离子源温度；⑤柱子伸入离子源内的深度不合适，排除方法是调整柱子伸入离子源的深度；⑥分流进样器和阀有故障，排除方法是检查进样器和阀；⑦柱效降低，排除方法是更换柱子；⑧进样器被污染，排除方法是对衬管依次用甲醇、丙酮超声清洗各 15 min 或更换进样器；⑨检测器电压太低，排除方法是检测器电压应为 350 ~ 450 V；⑩空气泄漏，排除方法是检查空气峰 m/z 28 的高度，若大于 10% 氩气峰 m/z 4，表明有空气泄漏，用注射器将丙酮滴在各接口处，通过观察丙酮的分子 m/z 58 的强度变化，进一步查明泄漏的确切位置。

（3）故障现象：质量色谱图中无噪音（呈一条平直的线）。

检测器电压太低，排除方法是提高检测器电压。

（4）故障现象：噪音过多。

故障原因及排除方法：①离子源被污染，排除方法是对离子源依次用甲醇、丙酮超声清洗各 15 min；②供电系统产生杂峰，排除方法是安装电源净化装置。

（5）故障现象：出现平失峰。

故障原因及排除方法：①柱子中的样品过载，排除方法是分流进样或稀释样品；②检测器过载，排除方法是降低检测器电压。

（6）故障现象：保留时间不稳定。

故障原因及排除方法：①毛细管柱的固定相发生降解，排除方法是切去毛细管柱端 0.5 m 或更换柱子；②进样器漏气，排除方法是改善进样器密封状况；③载气管路泄漏，排除方法是检漏并紧固。

（7）故障现象：高沸点化合物灵敏度低、峰形差。

故障原因及排除方法：①离子源温度太低，导致样品被吸附，排除方法是提高离子源温度；②气相色谱接口的温度太低，排除方法是提高气相色谱接口的温度，使之与升温程序的终温一致；③气相色谱升温程序的终温太低，排除方法是提高气相色谱升温程序的终温。

（8）故障现象：峰拖尾。

故障原因及排除方法：①进样器的温度太低，排除方法是提高进样器的温度；②气相色谱接口的温度太低，排除方法是提高气相色谱接口的温度；③载气流速太小，排除方法是提高载气流速；④衬管、柱子被污染，排除方法是对衬管、柱子依次用甲醇、丙酮超声清洗各 15 min。

（9）故障现象：出现歪斜峰或变形峰。

故障原因及排除方法：①扫描速度太低，致使每个色谱峰的扫描次数不够，排除方法是提高扫描速度，尽可能使每个扫描峰的扫描次数大于 6 次；②色谱峰太窄，排除方法是改变色谱条件；③质谱仪调谐未达到最佳状态，排除方法是重新调谐质谱仪。

（10）故障现象：同位素比例不正确。

故障原因及排除方法：①质谱仪的质量标尺校准不精确，排除方法是重新校准质谱仪的质量标尺；②质谱仪调谐后的各质量峰比例不正确，排除方法是重新调谐质谱仪；③空气泄漏，排除方法是检查空气峰 m/z 28 的高度，若大于 10% 氦气峰 m/z 4，表明有空气泄漏，用注射器将丙酮滴在各接口处，通过观察丙酮的分子 m/z 58 的强度变化，进一步查明泄漏的确切位置。

（11）故障现象：分子离子峰太弱。

故障原因及排除方法：①离子源的温度、电流过高（超过裂解温度和电离电流），排除方法是调整离子源的温度、电流；②离子化学电离气压过高或过低（对于化学电离源），排除方法是调整化学电离气压。

（12）故障现象：质谱图中同位素峰丢失。

故障原因及排除方法：①质谱仪的质量标尺校准不精确，排除方法是重新校准质谱仪的质量标尺；②质谱仪调谐未达到最佳状态，排除方法是重新调谐质谱仪；③离子源被污染，排除方法是对离子源依次用甲醇、丙酮超声清洗各 15 min；④检测器电压太低，排除方法是提高检测器电压；⑤检测器故障，排除方法是检查检测器的灵敏度。

（13）故障现象：质谱的重现性不好。

故障原因及排除方法：①离子源被污染,排除方法是对离子源依次用甲醇、丙酮超声清洗各 15 min；②离子源加热器不稳定,排除方法是更换离子源加热器；③灯丝损坏,排除方法是更换灯丝；④质谱仪调谐未达到最佳状态,排除方法是重新调谐质谱仪；⑤质谱仪的质量标尺校准不精确,排除方法是重新校准质谱仪的质量标尺；⑥空气泄漏,排除方法是检查空气峰 m/z 28 的高度,若大于 10% 氦气峰 m/z 4,表明有空气泄漏,用注射器将丙酮滴在各接口处,通过观察丙酮的分子 m/z 58 的强度变化,进一步查明泄漏的确切位置。

(14)故障现象：总离子流色谱图中出现大的干扰峰。

故障原因及排除方法：①空气泄漏,排除方法是检查空气峰 m/z 28 的高度,若大于 10% 氦气峰 m/z 4,表明有空气泄漏,用注射器将丙酮滴在各接口处,通过观察丙酮的分子 m/z 58 的强度变化,进一步查明泄漏的确切位置；②载气质量有问题,排除方法是更换载气；③样品被污染,排除方法是改进样品前处理方法。

(15)故障现象：总离子流色谱图逐渐升高。

故障原因及排除方法：①柱子的固定相流失(特征峰为 m/z 207、281),排除方法是老化或更换柱子；②空气泄漏,排除方法是检查空气峰 m/z 28 的高度,若大于 10% 氦气峰 m/z 4,表明有空气泄漏,用注射器将丙酮滴在各接口处,通过观察丙酮的分子 m/z 58 的强度变化,进一步查明泄漏的确切位置。

(16)故障现象：总离子流色谱图缓慢下降。

故障原因及排除方法：①吹扫阀被关闭,排除方法是打开吹扫阀；②吹扫流速太低,排除方法是提高吹扫流速。

(17)故障现象：色谱峰过宽。

故障原因及排除方法：①进样器的温度太低,排除方法是提高进样器的温度；②柱子中的样品过载,排除方法是分流进样；③气相色谱升温太慢,排除方法是改变气相色谱的升温程序。

三、原子吸收分光光度计(火焰法)日常维护及常见问题解决方案

(一)原子吸收分光光度计的主要部件

原子吸收光谱分析用的仪器称为原子吸收分光光度计或原子吸收光谱仪,主要由光源、原子化系统、单色器、检测系统共四部分组成。

(二)日常维护

(1)整齐清洁的环境(仪器室)。

(2)如有液体溅出,应立即清除(桌面及仪器表面)。

（3）检查所有的风扇及过滤棉。

（4）检查空气压缩机的压力（6 MPa 以上）。

（5）检查燃烧器系统。

（6）检查排水系统。

（7）检查所有的安全装置。

（8）目视点火状态。

（三）元素灯的使用注意事项

（1）使用前应该预热一段时间,使发光强度达到稳定点燃处理（灯能量30以上）,即在工作灯电流下点亮 1 h。

（2）为使元素灯发光强度稳定,要保持元素灯石英窗口洁净。

（3）检测完毕后,应立即将元素灯关闭,可延长元素灯的使用寿命。

（四）火焰法日常维护

1. 燃烧头日常注意事项

（1）燃烧头使用后温度很高,严禁用手触摸。

（2）如果测量盐分较高的样品,会有白色物体堵塞燃烧缝。火焰熄灭后,可用滤纸或硬纸片插入燃烧缝清除。绝不可用金属刀片刮,否则可能损坏燃烧缝。

（3）燃烧头长时间使用后会有盐析,可能会影响测量元素。可以取下燃烧头,用滤纸擦除或用乙醇等溶液清洗即可。

（4）安装燃烧头一定要插入底部,不能有缝隙,否则会引起乙炔泄漏。

2. 应清洗燃烧头的情况

当出现以下情况时,应清洗燃烧头:①当火焰开叉时;②样品含有高颗粒物质时;③燃烧头有盐析时。

3. 清洗燃烧头的方法

（1）快速清理。火焰熄灭后可用滤纸或硬纸片插入燃烧缝清除。绝不可用金属刀片刮,否则可能损坏燃烧缝。

（2）彻底清洗。将燃烧头拆下来,用乙醇盐酸混合溶液浸泡一晚,用水冲洗后烘干或者吹干,或用超声波震荡清洗。

4. 雾化器的使用注意事项

（1）每次测量完成,用蒸馏水洗喷 2 ~ 3 min。

（2）所有雾化器之间的撞击球不能互换,否则灵敏度降低。

（3）样品溶液不能有气泡,如果进样管内有气泡,阻力很大,使吸入样品停止,用手指弹动进样管,使气泡吸走,即可正常;也可用注射器吸走气泡。

5. 雾化器堵塞怎么办

（1）当吸光度无法达到标准时，或样品无法吸取，如果是毛细管堵塞，应拔下毛细管，用细铜丝小心通塞。

（2）如果还是无法吸取样品，则应取下雾化器，以用细铜丝通塞，或超声波震荡。

6. 排水系统的保养

当使用过有害物质、腐蚀性或有机溶剂时，要及时清理排水系统。

7. 灵敏度校准

当雾化器流量控制被改变后，需重新进行灵敏度校准。

（五）常见问题及解决方案

1. 火焰无法点燃

（1）检查排水系统连线是否完好。

（2）废液桶是否已满。

（3）废液桶的内管是否装满（0.5～1 L）。

2. 吸光度差

（1）燃烧器位置不对。

（2）乙炔气压不足（<50 psig）。

四、微波消解仪日常维护常见问题汇总

（1）对微波消解仪效果最主要的影响因素是什么？

答：消解温度和压力。消解温度直接决定了消解效果，压力确保了反应安全。

（2）微波消解仪消解一批样品需要多长时间？怎样算消解彻底？

答：消解彻底的样品应该是无色澄清透明溶液。常规样品一般消化加冷却时间为1 h。

（3）微波消解仪必须放在通风橱里使用吗？

答：不是的。微波消解仪自带排风系统，只需要将排风管放入通风柜即可。通风橱的内部环境对微波消解仪并不友好。

（4）微波消解仪有机样品和无机样品能否混做？

答：不能。有机样品反应快速，会影响无机样品消解结果。

（5）微波消解仪对于样品形态有什么要求？

答：①固体样品尽量粉碎，尤其金属类，如果是金属块进入微波消解仪，容易出现打火的现象。②样品颗粒度越小，与酸液接触比表面积越大，消解效果

会更好。

(6)不能进行微波消解的样品有哪些?

答:炸药(TNT、硝化纤维等),自燃及易燃化合物,航空燃料(Jp-1等),乙炔化合物,丙烯醛、烯、炔,液体油漆、涂料,自燃的混合物(硝酸和苯酚、硝酸和乙胺、硝酸和丙酮等),推进剂(肼、高氯酸铵等),二元醇(乙二醇、丙二醇等),高氯酸盐(氨高氯酸、高氯酸钾等),醚(光纤解决剂-乙二醇苯基醚),烃-烷基(丁烷、己烷等),酮(丙酮、甲基乙基酮等)。

(7)微波消解罐使用多长时间要更换?

答:消解罐的各个部件均有一定的使用寿命,根据消解样品类型、使用频率不同,使用情况也各不一样,但如果发现开裂或变形,必须予以更换;消解罐(溶样杯)内出现缺失或者长期使用局部泛白,也必须更换。超负荷使用会造成爆罐危险。

(8)微波消解仪安全膜片什么情况下要进行更换?

答:通过观察安全膜鼓包的情况,如果安全膜中心鼓包明显或者已穿孔,必须更换安全膜,且安全膜每次只能装一片。

(9)微波消解仪炉腔如何进行维护?

答:炉腔最好每天使用完,在断电的情况下,用拧干的软抹布(不能有水滴滴下)擦拭下,但下次使用前要保证腔体是干燥的;尤其是在出现泄压的情况下,做完样品后,要进行擦拭。

(10)微波消解仪对于控制消解罐有什么要求?

答:使用控制消解罐必须装入样品,不能做试剂空白使用;标准罐必须与控制罐同时使用。

(11)微波消解仪对于消解罐所加液体量最低和最高要求是什么?

答:液体量(取液量和试剂量总量)最低不能低于 5 mL,最高不能超过溶样杯体积的一半。

(12)做微波萃取,萃取溶剂有什么要求?

答:要求萃取剂有一定的极性,非极性的溶剂无法吸收微波。

五、原子荧光分光光度计的使用与维护

(一)原子荧光分光光度计的使用

原子荧光分光光度计主要由激发光源-辐射源、原子化系统、分光系统及检测系统四部分组成。原子荧光分光光度计的一般操作步骤如下:

(1)开启计算机,打开原子荧光分光光度计主机,运行操作软件。

（2）仪器进入初始化。

（3）进行仪器条件的设置。

（4）进行测定参数的设置。

（5）预热 30 min 后，打开氩气测量。测量完成后，储存文件或打印报告。

（6）运行仪器清洗程序。关闭载气，放松泵管。

（7）测试完毕后，在系统指定的出口退出系统，先关闭原子荧光分光光度计主机电源，再关闭电脑，切断总电源。

（8）罩上仪器罩，打扫室内卫生，填写使用记录。

（二）原子荧光分光光度计的使用日常维护

在日常原子荧光光谱分析中，特别是当仪器使用时间长、频率高时，常会出现一些问题，常见的有灵敏度突然降低、无荧光信号、空白信号很高、荧光信号不稳定、工作曲线线性差、图形不正常等情况。对这些问题及其解决办法进行了总结。

这些现象的出现通常与以下因素有关。

1. 空心阴极灯

由于受到设计和制造工艺的限制，目前生产的高强度空心阴极灯在稳定性和使用寿命方面还存在一些问题，尤其是 Hg、Bi、Te、Se 灯。因此，在原子荧光光谱分析中要特别注意由空心阴极灯引起的问题。

（1）灵敏度降低，稳定性差，空心阴极灯老化。适当提高灯电流或负高压；更换空心阴极灯。

（2）新购置的空心阴极灯，但基线空白不稳定。空心阴极灯预热时间不够。阴极灯应预热 30 min，并空载运行 10 ~ 20 min。

（3）测定灵敏度变化较大。双道不平衡，空心阴极灯照射氢火焰的位置不正确。用调光器调节空心阴极灯至合理位置。

（4）没有信号，空心阴极灯未点燃。点燃空心阴极灯。

2. 光路系统

光路系统的问题主要是由空心阴极灯的聚焦和照射氢火焰的位置引起的，常出现基线信号值很高的现象，特别是在测定 Hg 和 Pb 的时候。主要是因为石英炉的高度和透镜聚焦点没有调节到最佳位置。另一个光路系统的问题是双道干扰。

（1）基线信号值很高，原子化器的高度不合适。调节原子化器高度。

（2）一些元素灵敏度很低，透镜聚焦点不合适。调节透镜聚焦点。

（3）一道荧光信号很强，另一道测定结果偏高或低。双道干扰单道的测定。

3.管道系统

原子荧光光谱分析中,管道系统是仪器非常重要的部分,也是使用中常出问题的部分。特别是仪器使用频率高、工作量大时,由于硅胶老化、破裂、管道积水和反应沉淀物堵塞管道系统等原因,经常使仪器不能正常工作。

(1)灵敏度降低,信号图形改变,积分时间增加。泵管老化、破裂。压紧泵管或更换泵管。

(2)没有荧光信号或很低,图形有尖峰状。气路系统积水、漏气、堵塞,连接件破裂。清洗、疏通或更换管道,更换连接件。

(3)图形有锯齿状,不稳定。

(4)稳定性差,灵敏度降低,通风口风量太大。调小通风口风量。"记忆效应"严重。石英炉芯、气液分离器、反应模块玷污。取下用 15% HCl 溶液煮沸 30 min。

4.试剂空白

原子荧光光谱法常用于痕量元素分析,试剂空白是影响分析质量的重要因素,特别是在汞、锑、硒、铅和镉的测定中,试剂空白的影响尤其突出。使用时必须对所用试剂进行检查,选择生产厂家、试剂级别和生产批号。

镉元素主要试剂影响解决方法如下:

(1)HgHCl 选择生产厂家,进行检查。

(2)Sb 酒石酸选择生产厂家,进行检查。

(3)SeH$_2$SO$_4$ 选择生产厂家,进行检查。

(4)NaBr/HBr 除硒,即 HCl 和铁氰化钾重结晶或吸附提纯试剂。

(5)Cd HCl 选择生产厂家,进行检查。

六、原子吸收分光光度计日常维护及常见问题解答

(一)维护规范

1.每次关机及分析结束应当做好的工作

(1)放干净空压机贮气灌内的冷凝水,检查燃气是否关好。

(2)用水彻底冲洗排废系统。

(3)如果用了有机溶剂,则要倒干净废液罐中的废液,并用自来水冲洗废液罐。

(4)高含量样品做完,应取下燃烧头放在自来水下冲洗干净并用滤纸仔细把缝口积碳擦除,然后甩掉水滴晾干以备下次再用。同时继续用纯水喷雾

几分钟,以清洗雾化器。

(5)清除灯窗和样品盘上的液滴或溅上的样液水渍,并用棉球擦干净,将测试过的样品瓶等清理好,拿出仪器室,擦净实验台。

(6)关闭通风设施,检查所有电源插座是否已切断,水源、气源是否关好。

(7)使用石墨炉系统时,要注意检查自动进样针的位置是否准确,原子化器温度一般不超过 2 650 ℃,尽可能驱尽试液中的强酸和强氧化剂,确保石墨管的寿命。

2. 每月维护项目

(1)检查撞击球是否有缺损和位置是否正常,必要时进行调整。

(2)检查毛细管是否有阻塞,若有,应按说明书的要求疏通,注意疏通时只能用软细金属丝。

(3)检查燃烧器混合室内是否有沉积物,若有,要用清洗液或超声波清洗。

(4)检查贮气罐有无变化,有变化时检查泄漏,检查阀门控制;每次钢瓶换气后或重新联结气路,都应按要求检查整个仪器室的卫生除尘。

3. 维护性检查

每年请厂家维修工程师进行一次维护性检查。

4. 更换石墨管时维护石墨炉的清洁

(1)当新放入一只石墨管时,特别是管子结构损坏后,更换新管,应当用清洁器或清洁液(20 mL 氨水 + 20 mL 丙酮 + 100 mL 去离子水)清洗石墨锥的内表面和石墨炉炉腔,除去碳化物的沉积。

(2)石墨管的热处理。新的石墨管安放好后,应进行热处理,即空烧,重复 3 ~ 4 次。

(3)石墨锥的维护。更换新的石墨锥时,要保证新的锥体正确装入。

(二)AAS 紧急情况的处理方法

(1)仪器工作时,如果遇到突然停电,此时如正在做火焰分析,则应迅速关闭燃气;若正在做石墨炉分析,则迅速切断主机电源。然后将仪器各部分的控制机构恢复到停机状态,待通电后,再按仪器的操作程序重新开启。

(2)在做石墨炉分析时,如遇到突然停水,应迅速切断主电源,以免烧坏石墨炉。

(3)操作时如嗅到乙炔或石油气的气味,这是由于燃气管道或气路系统某个连接头处漏气,应立即关闭燃气进行检测,待查出漏气部位并密封后再继续使用。

（4）显示仪表（表头、数字表或记录仪）突然波动,这类情况多数因电子线路中个别元件损坏,某处导线断路或短路,高压控制失灵等造成。另外,电源电压变动太大或稳压器发生故障,也会引起显示仪表的波动现象。如遇到上述情况,应立即关闭仪器,待查明原因,排除故障后再开启。

（5）如在工作中万一发生回火,应立即关闭燃气,以免引起爆炸,然后再将仪器开关、调节装置恢复到启动前的状态,待查明回火原因并采取相应措施后再继续使用。

（三）简单故障判断及维护

以下介绍的故障,使用者均可自行调整、修理。

由于原子吸收分光光度计属精密仪器,维修时必须注意以下几点:

（1）检查和维修单色器内部时,不能碰触光学元件表面。

（2）维修印刷电路板时,不要损伤电路板上的印刷电路。

（3）维修前要切断原子化系统的气源、水源,关闭气体钢瓶的总阀,以防造成事故。

1. 气路部分

（1）定期检查管道、阀门接头等各部分是否漏气。漏气处,应及时修复或更换。

（2）经常察看空气压缩机的回路中是否有水。如果存水,要及时排除。对储水器及分水过滤器中的水分要经常排放,避免积水过多而将水分带给流量计。

（3）对无噪声的空压机,由于使用了油润滑,要定期排放过滤器及储气罐内的油水,并经常察看压缩机气缸是否需要加油。仪器长期置于潮湿的环境中或气路中存有水分,在机器使用频率不高的情况下,会使气路中阀门、接口等处生锈,造成气孔阻塞、气路不通。当遇到气路不通的情况时,应采取下列办法检查:关闭乙炔等易燃气体的总阀门,打开空气压缩机,检查空气压缩机是否有气体排出。若没有,说明空气压缩机出了问题,此时应找专业人员维修;若有气体排出,则将空气压缩机的输出端接到原子吸收分光光度计助燃器的入口处,掀开仪器的盖板,逐段检查通气管道,找出阻塞的位置,并将其排除。重新安装时,要注意接口处的密封性,保证接口处不漏气。然后将空气压缩机输出口接到原子吸收分光光度计燃气输入口,按上述办法逐段检查,一一排除,直到全部阻塞故障排除。

2. 光源部分

（1）现象:空心阴极灯点不亮。

可能是灯电源已坏或未接通、灯头接线断路或灯头与灯座接触不良。可分别检查灯电源、连线及相关接插件。

（2）现象：空心阴极灯内跳火放电。

这是灯阴极表面有氧化物或杂质的原因。可加大灯电流到十几个毫安，直到火花放电现象停止。若无效，需换新灯。

（3）现象：空心阴极灯辉光颜色不正常。

这是灯内惰性气体不纯。可在工作电流下反向通电处理，直到辉光颜色正常。

3. 雾化器

雾化器的吸液毛细管、喷嘴、撞击球都直接受到样品溶液的腐蚀，要经常维护。若在工作状态不如意时，可清洗或更换雾化器。雾化器直接影响着仪器分析测定的灵敏度和检出限。

4. 波长偏差增大

产生原因：准直镜左右产生位移或光栅起始位置发生了改变。

解决办法：利用空心阴极灯进行波长校准（钙镁混合灯；Cu、Pb）。

5. 电气回零不好

（1）阴极灯老化。更换新灯。

（2）废液不畅通，雾化室内积水。应及时排除。

（3）燃气不稳定，使测定条件改变。可调节燃气，使之符合条件。

（4）阴极灯窗口及燃烧器两侧的石英窗或聚光镜表面有污垢。逐一检查清除。

（5）毛细管太长。可剪去多余的毛细管。

6. 输出能量低

原因可能是：①波长超差；②阴极灯老化；③外光路不正；④透镜或单色器被严重污染；⑤放大器系统增益下降等。

若是在短波或者部分波长范围内输出能量较低，则应检查灯源及光路系统的故障。若输出能量在全波长范围内降低，应重点检查光电倍增管是否老化、放大电路有无故障。

7. 重现性差

重现性差的故障原因及排除方法如表3-7所示。

表 3-7 重现性差的故障原因及排除方法

故障原因	排除方法
原子化系统无水封,使火焰燃烧不稳	可加水封,隔断内外气路通道
废液管不通畅,雾化筒内积水,大颗粒液滴被高速气流引入火焰	可输通废液管道排除废液
撞击球与雾化器的相对位置不当	重新调节撞击球与雾化器的相对位置
雾化系统调节不好,使喷雾质量差,是毛细管与节流管不同心或毛细管端部弯曲所致	重新调整雾化系统或选雾化效率高、喷雾质量好的喷雾器
雾化器堵塞,引起喷雾质量不好	仪器长时间不用,盐类及杂物堵塞或有酸类锈蚀,可用手指堵住节流管,使空气回吹倒气,吹掉脏物
雾化筒内壁被油脂污染或酸蚀,造成大水珠被吸附于雾化筒内壁上,又被高速气流引入火焰,使火焰不稳定,仪器噪声大或由于燃烧缝口堵塞,使火焰呈锯齿形	可用酒精、乙醚混合液擦干雾化筒内壁,减少水珠,稳定火焰;火焰呈锯齿形,可用刀片或滤纸清除燃烧缝口的堵塞物
被测样品浓度大,溶解不完全,大颗粒被引入火焰后,光散射严重	可根据实际情况,对样品进行稀释,减少光散射
乙炔管道漏气	检查乙炔气路,防止事故发生

8.灵敏度低

(1)阴极灯工作电流大,造成谱线变宽,产生自吸收。应在光源发射强度满足要求的情况下,尽可能采用低的工作电流。

(2)雾化效率低。若是管路堵塞的原因,可将助燃气的流量开大,用手堵住喷嘴,使其畅通后放开。若是撞击球与喷嘴的相对位置没有调整好,则应调整到雾呈很小烟状液粒时为最佳。

(3)燃气与助燃气之比选择不当。一般燃气与助燃气之比小于1:4为贫焰,介于1:4和1:3之间为中焰,大于1:3为富焰。

(4)燃烧器与外光路不平行。应使光轴通过火焰中心,狭缝与光轴保持平行。

(5)分析谱线没找准,可选择较灵敏的共振线作为分析谱线。

(6)样品及标准溶液被污染或存放时间过长变质。立即将容器冲洗干净,重新配制。

9.稳定性差

（1）仪器受潮或预热时间不够，可用热风机除潮或按规定时间预热后再操作使用。

（2）燃气或助燃气压力不稳定，若不是气源不足或管路泄漏的原因，可在气源管道上加一阀门控制开关，调稳流量。

（3）废液流动不畅，停机检查，疏通或更换废液管。

（4）火焰高度选择不当，造成基态原子数变化异常，致使吸收不稳定。

（5）光电倍增管负高压过大，虽然增大负高压可以提高灵敏度，但会出现噪声大、测量稳定性差的问题。只有适当降低负高压，才能改善测量的稳定性。

10.背景校正噪声大

（1）光路未调到最佳位置。重新调整氘灯与空心阴极灯的位置，使两者光斑重合。

（2）高压调得太大。适当降低氘灯能量，在分析灵敏度允许的情况下，增加狭缝宽度。

（3）原子化器温度太高。可选用适宜的原子化器条件。

11.校准曲线线性差

（1）光源灯老化或使用高的灯电流，引起分析谱线的衰弱扩宽，应及时更换光源灯或调低灯电流。

（2）狭缝过宽，使通过的分析谱线超过1条，可减小狭缝。

（3）测定样品的浓度太大。

由于高浓度溶液在原子化器中生成的基态原子不成比例，使校准曲线产生弯曲。因此，需缩小测量浓度的范围或用灵敏度较低的分析谱线。

12.产生回火

产生回火的主要原因是气流速度小于燃烧速度。

其直接原因有：突然停电或助燃气体压缩机出现故障，使助燃气体压力降低；废液排出口水封不好或根本就没有水封；燃烧器的狭缝增宽；助燃气体和燃气的比例失调；防爆膜破损；用空气钢瓶时，瓶内所含氧气过量；用乙炔－氧化亚氮火焰时，乙炔气流量过小。

发现回火后，应立即关闭燃气气路，确保人身和财产的安全。然后将仪器各控制开关恢复到开启前的状态后方可检查产生回火的原因。

13.清洗反射镜

酒精乙醚混合液，不接触清洗或用擦镜纸喷上混合液后贴在镜子上，过段时间后揭下。注意镜片不能擦。

第四章　经济林产品安全监管

　　近年来,随着农业科技水平的不断提高,农产品质量安全日益受到广泛关注,我国的农产品质量安全状况一直保持不断改善、稳定向好的趋势,农产品质量总体上是安全可靠的,经济林产品质量安全状况亦是如此。但是,"民以食为天、食以安为先",食品安全无小事,经济林产品质量安全事关每个人的身体健康和生命安全,也不能放松警惕,要常抓不懈地做好产品质量安全工作,任务还很艰巨。健全和完善经济林质量安全监管体系,是全面提升经济林质量安全能力、推进经济林产品质量安全科学管理的一项重要措施。因此,进一步提高经济林产品质量安全、加强森林食品质量安全监管体系建设已成为当前林业生产与发展、林业现代化的必然要求。

第一节　经济林产品监管体系

　　发达国家政府对农产品质量安全高度重视,政府监管引入了"从农田到餐桌"全程监管的理念,强调各方参与、公开透明、科学民主决策,以均衡各相关方的利益,从而形成了"趋向于统一管理、职能整合、加强协调、高效运作的架构"。其代表性监管模式有:①加拿大模式,主要由农业部门负责;②欧盟模式,国家独立的食品安全监督机构;③美国模式,多部门联合监管;④日本模式,重组部门架构、三方协同制衡监管。从监管体系来看,如德国建立较为完善的安全法律法规体系、监管体系、标准体系、监测体系、认证体系、追溯制度及风险评估与风险管理体系。澳大利亚是农产品出口大国,农产品在国际市场上享有较高声誉,主要得益于该国在农产品质量安全监管方面完整的监管体系,特别是建立在自律基础上的农产品质量安全监管的做法和经验,值得我们学习和借鉴,他们突出行业从业者在质量安全管理方面的主体地位,顺利实现了由政府质量监管为主向生产经营者质量保证为主的转变。

　　在国内,从监管体系研究、管理的文献数量来看,食品、农产品质量安全监管体系的文献数量占多年以来的50%左右,监管的重要性越来越受到人们重视,但涉及森林食品监管体系的管理和研究的文献未见报道。

　　2011年5月19日,农业部发布了《农产品质量安全发展"十二五"规划》,

确定了农产品质量安全"十二五"发展目标。具体指标为:农业标准化生产,检验检测体系建设,安全优质品牌农产品发展,农业投入品安全,监管体系建设。其监管体系建设为:基本形成部、省、市、县、乡农产品质量安全监管和"二品一标"推广、风险评估、应急处置、综合执法紧密衔接配套的农产品质量安全监管体系。

2012年6月28口,国务院办公厅发布了《国家食品安全监管体系"十二五"规划的通知》,提出"十二五"期间,着力建成较为完善的法规标准、监测评估、检验检测、过程控制、进出口食品安全监管、应急管理、综合协调、科技支撑、食品安全诚信和宣教培训等10个体系。该规划的监管体系更为完善和综合。

2016年12月,国务院食品安全办会同发展改革委、财政部等部门研究起草了《"十三五"国家食品安全规划》,自国务院批准后实行。

提出坚持最严谨的标准、最严格的监管、最严厉的处罚、最严肃的问责,全面实施食品安全战略,着力推进监管体制机制改革创新和依法治理,着力解决人民群众反映强烈的突出问题,推动食品安全现代化治理体系建设,促进食品产业发展,推进健康中国建设。

一、监管体系建设

我国浙江省森林食品质量安全监管,无论从法律法规建设、检验检测体系建设、认定体系建设,还是标准化示范推广体系建设等方面,都处在全国林业系统前列。

(一)法律法规建设

当前,我国现存与食品安全相关的法律有20多部、行政法规近40部、部门规章100多部。目前,浙江省已经初步形成了以《食品安全法》《农产品质量安全法》《中华人民共和国产品质量法》等为核心的食品安全法律体系,但食用林产品在其中未加明确,更是没有专门的法律法规。我国浙江省相对走在前列,早在2003年就出台了《浙江省食用农产品安全管理办法》。同时,在当地特色经济林产品春笋、山核桃、冬笋等上市初期组织开展预警抽查,及时掌握上市初期的质量安全状况,指导全省有针对性开展监管工作。初步建立了产地环境质量动态监测、食用林产品上市初期预警抽查、监测结果会商分析及定期通报、信息发布等制度和把年度抽检合格率作为林业重点工作,及对各市林业部门进行考核的机制。

（二）森林食品基地认定体系

根据森林可持续经营的原则及食品安全要求,从食用林产品的良好产地环境和生产特点出发,经国家林业局批复同意,开展了以森林食品标准制定和基地建设、产品认证为重点的森林食品认证(定)试点工作。建立以产地选择、过程控制和产品认证(定)为核心的森林食品管理体系,实现产前、产中、产后全程质量控制的产品与基地的认证(定)管理,并制定或发布了一系列政策性和技术性文件,为全国开展森林食品基地认定工作提供了实践和经验。

二、存在问题

从我国食品安全的监管体系建设看,有 10 大体系建设,当前存在的最主要和急需改进的问题表现在以下 4 个方面。

（一）法律法规建设不完善

《食品安全法》及《农产品质量安全法》中只赋予农业部门职责,没有林业部门职责。法律上的不完善导致了对森林食品质量安全管理监管存在诸多制约,这种现状对我国正在蓬勃发展的经济林产品产业构成严重威胁。统一的质量安全标准体系尚未形成,部分卫生标准、质量标准、食用农产品质量安全标准以及行业标准存在缺失、滞后、重复以及相互矛盾的问题。

（二）监管机构不健全,监管力量不足

目前各省各地检测网络点多数处于“二无”状况,即无编制无专职人员、无检测没备。随着各地经济林产品面积不断增加,集约化经营水平越来越高,森林食品数量急剧上升,野生动物驯养繁殖数量不断增加,监管任务越来越重。目前,过滥施肥和施药现象依然存在,农药残留检出、重金属含量超标等安全隐患依然存在,监管机构的不健全和监管力量的严重不足,导致监管形势十分严峻。此外,省级层面食用林产品质量安全执法队伍也未建立,后续监管薄弱。

（三）森林食品基地认定工作缺少创新

自 2003 年首次认定以来,均以认定工作为主,认定后的巩固提升少,复评审基地少,仅占所有认定基地的 12.3%,多年的不断认定,导致基地整体质量下降,基地整体效益提升不快。同时,仅在浙江省开展认定工作,未在全国其他省或国家层面推广,无法打造有效的森林食品品牌,提升市场影响力。

（四）科技支撑不够、风险监测评估缺乏

2018 年修订施行的《中华人民共和国食品安全法》第二章第二十一条明文规定,“食品安全风险评估结果是制定、修订食品安全标准和实施食品安全

监督管理的科学依据",首次以法律的形式明确了我国食品安全风险评估制度的地位。世界卫生组织将风险评估定义为:食源性危害(化学的、生物的、物理的)对人体产生的已知的或潜在的对健康不良作用可能性的科学评估。我国食品安全风险评估工作较为落后,风险监测体系也未完全建立,风险评估能力弱,专业技术人员缺乏。

此外,还存在着安全责任不明、监管方式滞后、制作经费不足、宣传与教育培训有待加强等方面问题。

三、建议

着力建成较为完善的法规标准、监测评估(应急管理)、检验检测、标准化示范推广、科技支撑和宣传与教育培训等6个体系。

(一)健全法律法规与标准体系

林业部门应加强与相关部门的联系、沟通,把经济林产品相关内容写进去,或参照湖南、江西等省份,单独制定林产品质量安全管理地方性法规,出台专门的林产品质量安全法律法规。解决了这个根本,监管机构和监管力量也会进一步提升。

(二)加强标准化示范推广体系建设

一是加强对林业标准化的宣传,特别是标准的宣贯,实现有标可依、依标生产的良好局面;二是在现有国家级、省级示范基地建设的基础上,进一步加大标准化示范基地的建设和推广力度;三是通过培训、基地建设、名牌培育、质量管理体系认证等多种途径,提高林农、企业(合作社、行业协会)的标准化意识。建立"协会(企业、合作社)+基地(农户)+标准"的基地建设模式,形成各方参与的标准推广体系。重点是以国家级、省级标准化示范基地为抓手,实施标准化宣传、推广,进而形成各方参与的推广体系。

(三)强化科技支撑体系建设

要加强标准的前期研究,提高标准研究的水平,保持标准体系的科学性、先进性和可操作性。如对森林食品质量安全的保障和控制技术措施、关键检测技术等的跟踪研究;评价技术研究;涉及病原微生物、农药残留、危险性控制措施等的风险评估技术研究;农产品质量安全溯源技术和检验检测技术、安全突发事件预警技术等应用技术研究。特别是要加强风险监测评估技术研究,国际上,早在1991年,FAO、WHO联合CAC(国际食品法典委员会)第19次会议,正式在食品安全危害评价中引入风险分析技术。

(四)深化宣传与教育培训体系建设

人的因素是影响经济林产品安全的根本因素,提升从业人员的职业素质和监管人员的执法水平是改善安全状况的关键。要依托各级大专院校、科研院所等单位加强培训,开展对地方各级政府相关负责同志和森林食品安全监管部门负责同志、业务骨干的定期轮训。加强培训能力建设,充实师资力量,开展科学研究、决策咨询,编写培训教材,开设培训系列课程等。通过科普挂图、科普展览、科普宣传册等科普资源,以及标准化生产模式图、生态栽培模式图等手段,深化宣传与教育培训体系建设。

第二节　经济林产品法律法规

中华人民共和国产品质量法

(1993 年 2 月 22 日第七届全国人民代表大会常务委员会第三十次会议通过,自 1993 年 9 月 1 日起施行。根据 2000 年 7 月 8 日第九届全国人民代表大会常务委员会第十六次会议《关于修改〈中华人民共和国产品质量法〉的决定》予以修正,自 2000 年 9 月 1 日起施行)

第一章

第一条　为了加强对产品质量的监督管理,提高产品质量水平,明确产品质量责任,保护消费者的合法权益,维护社会经济秩序,制定本法。

第二条　在中华人民共和国境内从事产品生产、销售活动,必须遵守本法。

本法所称产品是指经过加工、制作,用于销售的产品。

建设工程不适用本法规定;但是,建设工程使用的建筑材料、建筑构配件和设备,属于前款规定的产品范围的,适用本法规定。

第三条　生产者、销售者应当建立健全内部产品质量管理制度,严格实施岗位质量规范、质量责任以及相应的考核办法。

第四条　生产者、销售者依照本法规定承担产品质量责任。

第五条　禁止伪造或者冒用认证标志等质量标志;禁止伪造产品的产地,伪造或者冒用他人的厂名、厂址;禁止在生产、销售的产品中掺杂、掺假,以假充真,以次充好。

第六条　国家鼓励推行科学的质量管理方法,采用先进的科学技术,鼓励企业产品质量达到并且超过行业标准、国家标准和国际标准。

对产品质量管理先进和产品质量达到国际先进水平、成绩显著的单位和个人,给予奖励。

第七条　各级人民政府应当把提高产品质量纳入国民经济和社会发展规划,加强对产品质量工作的统筹规划和组织领导,引导、督促生产者、销售者加强产品质量管理,提高产品质量,组织各有关部门依法采取措施,制止产品生产、销售中违反本法规定的行为,保障本法的施行。

第八条　国务院产品质量监督部门主管全国产品质量监督工作。国务院有关部门在各自的职责范围内负责产品质量监督工作。

县级以上地方产品质量监督部门主管本行政区域内的产品质量监督工作。县级以上地方人民政府有关部门在各自的职责范围内负责产品质量监督工作。

法律对产品质量的监督部门另有规定的,依照有关法律的规定执行。

第九条　各级人民政府工作人员和其他国家机关工作人员不得滥用职权、玩忽职守或者徇私舞弊,包庇、放纵本地区、本系统发生的产品生产、销售中违反本法规定的行为,或者阻挠、干预依法对产品生产、销售中违反本法规定的行为进行查处。

各级地方人民政府和其他国家机关有包庇、放纵产品生产、销售中违反本法规定的行为的,依法追究其主要负责人的法律责任。

第十条　任何单位和个人有权对违反本法规定的行为,向产品质量监督部门或者其他有关部门检举。

产品质量监督部门和有关部门应当为检举人保密,并按照省、自治区、直辖市人民政府的规定给予奖励。

第十一条　任何单位和个人不得排斥非本地区或者非本系统企业生产的质量合格产品进入本地区、本系统。

第二章

第十二条　产品质量应当检验合格,不得以不合格产品冒充合格产品。

第十三条　可能危及人体健康和人身、财产安全的工业产品,必须符合保障人体健康和人身、财产安全的国家标准、行业标准;未制定国家标准、行业标准的,必须符合保障人体健康和人身、财产安全的要求。

禁止生产、销售不符合保障人体健康和人身、财产安全的标准和要求的工业产品。具体管理办法由国务院规定。

第十四条　国家根据国际通用的质量管理标准,推行企业质量体系认证制度。企业根据自愿原则可以向国务院产品质量监督部门认可的或者国务院产品质量监督部门授权的部门认可的认证机构申请企业质量体系认证。经认证合格的,由认证机构颁发企业质量体系认证证书。

国家参照国际先进的产品标准和技术要求,推行产品质量认证制度。企业根据自愿原则可以向国务院产品质量监督部门认可的或者国务院产品质量监督部门授权的部门认可的认证机构申请产品质量认证。经认证合格的,由认证机构颁发产品质量认证证书,准许企业在产品或者其包装上使用产品质量认证标志。

第十五条　国家对产品质量实行以抽查为主要方式的监督检查制度,对可能危及人体健康和人身、财产安全的产品,影响国计民生的重要工业产品以及消费者、有关组织反映有质量问题的产品进行抽查。抽查的样品应当在市场上或者企业成品仓库内的待销产品中随机抽取。监督抽查工作由国务院产品质量监督部门规划和组织。县级以上地方产品质量监督部门在本行政区域内也可以组织监督抽查。法律对产品质量的监督检查另有规定的,依照有关法律的规定执行。

国家监督抽查的产品,地方不得另行重复抽查;上级监督抽查的产品,下级不得另行重复抽查。

根据监督抽查的需要,可以对产品进行检验。检验抽取样品的数量不得超过检验的合理需要,并不得向被检查人收取检验费用。监督抽查所需检验费用按照国务院规定列支。

生产者、销售者对抽查检验的结果有异议的,可以自收到检验结果之日起十五日内向实施监督抽查的产品质量监督部门或者其上级产品质量监督部门申请复检,由受理复检的产品质量监督部门作出复检结论。

第十六条　对依法进行的产品质量监督检查,生产者、销售者不得拒绝。

第十七条　依照本法规定进行监督抽查的产品质量不合格的,由实施监督抽查的产品质量监督部门责令其生产者、销售者限期改正。逾期不改正的,由省级以上人民政府产品质量监督部门予以公告;公告后经复查仍不合格的,责令停业,限期整顿;整顿期满后经复查产品质量仍不合格的,吊销营业执照。

监督抽查的产品有严重质量问题的,依照本法第五章的有关规定处罚。

第十八条　县级以上产品质量监督部门根据已经取得的违法嫌疑证据或者举报,对涉嫌违反本法规定的行为进行查处时,可以行使下列职权:

（一）对当事人涉嫌从事违反本法的生产、销售活动的场所实施现场检查；

（二）向当事人的法定代表人、主要负责人和其他有关人员调查、了解与涉嫌从事违反本法的生产、销售活动有关的情况；

（三）查阅、复制当事人有关的合同、发票、账簿以及其他有关资料；

（四）对有根据认为不符合保障人体健康和人身、财产安全的国家标准、行业标准的产品或者有其他严重质量问题的产品，以及直接用于生产、销售该项产品的原辅材料、包装物、生产工具，予以查封或者扣押。

县级以上工商行政管理部门按照国务院规定的职责范围，对涉嫌违反本法规定的行为进行查处时，可以行使前款规定的职权。

第十九条　产品质量检验机构必须具备相应的检测条件和能力，经省级以上人民政府产品质量监督部门或者其授权的部门考核合格后，方可承担产品质量检验工作。法律、行政法规对产品质量检验机构另有规定的，依照有关法律、行政法规的规定执行。

第二十条　从事产品质量检验、认证的社会中介机构必须依法设立，不得与行政机关和其他国家机关存在隶属关系或者其他利益关系。

第二十一条　产品质量检验机构、认证机构必须依法按照有关标准，客观、公正地出具检验结果或者认证证明。

产品质量认证机构应当依照国家规定对准许使用认证标志的产品进行认证后的跟踪检查；对不符合认证标准而使用认证标志的，要求其改正；情节严重的，取消其使用认证标志的资格。

第二十二条　消费者有权就产品质量问题，向产品的生产者、销售者查询；向产品质量监督部门、工商行政管理部门及有关部门申诉，接受申诉的部门应当负责处理。

第二十三条　保护消费者权益的社会组织可以就消费者反映的产品质量问题建议有关部门负责处理，支持消费者对因产品质量造成的损害向人民法院起诉。

第二十四条　国务院和省、自治区、直辖市人民政府的产品质量监督部门应当定期发布其监督抽查的产品的质量状况公告。

第二十五条　产品质量监督部门或者其他国家机关以及产品质量检验机构不得向社会推荐生产者的产品；不得以对产品进行监制、监销等方式参与产品经营活动。

第三章

第一节　生产者的产品质量责任和义务

第二十六条　生产者应当对其生产的产品质量负责。

产品质量应当符合下列要求：

（一）不存在危及人身、财产安全的不合理的危险，有保障人体健康和人身、财产安全的国家标准、行业标准的，应当符合该标准；

（二）具备产品应当具备的使用性能，但是对产品存在使用性能的瑕疵作出说明的除外；

（三）符合在产品或者其包装上注明采用的产品标准，符合以产品说明、实物样品等方式表明的质量状况。

第二十七条　产品或者其包装上的标识必须真实，并符合下列要求：

（一）有产品质量检验合格证明；

（二）有中文标明的产品名称、生产厂厂名和厂址；

（三）根据产品的特点和使用要求，需要标明产品规格、等级、所含主要成分的名称和含量的，用中文相应予以标明；需要事先让消费者知晓的，应当在外包装上标明，或者预先向消费者提供有关资料；

（四）限期使用的产品，应当在显著位置清晰地标明生产日期和安全使用期或者失效日期；

（五）使用不当，容易造成产品本身损坏或者可能危及人身、财产安全的产品，应当有警示标志或者中文警示说明。

裸装的食品和其他根据产品的特点难以附加标识的裸装产品，可以不附加产品标识。

第二十八条　易碎、易燃、易爆、有毒、有腐蚀性、有放射性等危险物品以及储运中不能倒置和其他有特殊要求的产品，其包装质量必须符合相应要求，依照国家有关规定作出警示标志或者中文警示说明，标明储运注意事项。

第二十九条　生产者不得生产国家明令淘汰的产品。

第三十条　生产者不得伪造产地，不得伪造或者冒用他人的厂名、厂址。

第三十一条　生产者不得伪造或者冒用认证标志等质量标志。

第三十二条　生产者生产产品，不得掺杂、掺假，不得以假充真、以次充好，不得以不合格产品冒充合格产品。

第二节　销售者的产品质量责任和义务

第三十三条　销售者应当建立并执行进货检查验收制度,验明产品合格证明和其他标识。

第三十四条　销售者应当采取措施,保持销售产品的质量。

第三十五条　销售者不得销售国家明令淘汰并停止销售的产品和失效、变质的产品。

第三十六条　销售者销售的产品的标识应当符合本法第二十七条的规定。

第三十七条　销售者不得伪造产地,不得伪造或者冒用他人的厂名、厂址。

第三十八条　销售者不得伪造或者冒用认证标志等质量标志。

第三十九条　销售者销售产品,不得掺杂、掺假,不得以假充真、以次充好,不得以不合格产品冒充合格产品。

第四章

第四十条　售出的产品有下列情形之一的,销售者应当负责修理、更换、退货;给购买产品的消费者造成损失的,销售者应当赔偿损失:

(一)不具备产品应当具备的使用性能而事先未作说明的;

(二)不符合在产品或者其包装上注明采用的产品标准的;

(三)不符合以产品说明、实物样品等方式表明的质量状况的。

销售者依照前款规定负责修理、更换、退货、赔偿损失后,属于生产者的责任或者属于向销售者提供产品的其他销售者(以下简称供货者)的责任的,销售者有权向生产者、供货者追偿。

销售者未按照第一款规定给予修理、更换、退货或者赔偿损失的,由产品质量监督部门或者工商行政管理部门责令改正。

生产者之间,销售者之间,生产者与销售者之间订立的买卖合同、承揽合同有不同约定的,合同当事人按照合同约定执行。

第四十一条　因产品存在缺陷造成人身、缺陷产品以外的其他财产(以下简称他人财产)损害的,生产者应当承担赔偿责任。

生产者能够证明有下列情形之一的,不承担赔偿责任:

(一)未将产品投入流通的;

(二)产品投入流通时,引起损害的缺陷尚不存在的;

（三）将产品投入流通时的科学技术水平尚不能发现缺陷的存在的。

第四十二条　由于销售者的过错使产品存在缺陷，造成人身、他人财产损害的，销售者应当承担赔偿责任。

销售者不能指明缺陷产品的生产者也不能指明缺陷产品的供货者的，销售者应当承担赔偿责任。

第四十三条　因产品存在缺陷造成人身、他人财产损害的，受害人可以向产品的生产者要求赔偿，也可以向产品的销售者要求赔偿。属于产品的生产者的责任，产品的销售者赔偿的，产品的销售者有权向产品的生产者追偿。属于产品的销售者的责任，产品的生产者赔偿的，产品的生产者有权向产品的销售者追偿。

第四十四条　因产品存在缺陷造成受害人人身伤害的，侵害人应当赔偿医疗费、治疗期间的护理费、因误工减少的收入等费用；造成残疾的，还应当支付残疾者生活自助具费、生活补助费、残疾赔偿金以及由其扶养的人所必需的生活费等费用；造成受害人死亡的，并应当支付丧葬费、死亡赔偿金以及由死者生前扶养的人所必需的生活费等费用。

因产品存在缺陷造成受害人财产损失的，侵害人应当恢复原状或者折价赔偿。受害人因此遭受其他重大损失的，侵害人应当赔偿损失。

第四十五条　因产品存在缺陷造成损害要求赔偿的诉讼时效期间为二年，自当事人知道或者应当知道其权益受到损害时起计算。

因产品存在缺陷造成损害要求赔偿的请求权，在造成损害的缺陷产品交付最初消费者满十年丧失；但是，尚未超过明示的安全使用期的除外。

第四十六条　本法所称缺陷，是指产品存在危及人身、他人财产安全的不合理的危险；产品有保障人体健康和人身、财产安全的国家标准、行业标准的，是指不符合该标准。

第四十七条　因产品质量发生民事纠纷时，当事人可以通过协商或者调解解决。当事人不愿通过协商、调解解决或者协商、调解不成的，可以根据当事人各方的协议向仲裁机构申请仲裁；当事人各方没有达成仲裁协议或者仲裁协议无效的，可以直接向人民法院起诉。

第四十八条　仲裁机构或者人民法院可以委托本法第十九条规定的产品质量检验机构，对有关产品质量进行检验。

第五章

第四十九条　生产、销售不符合保障人体健康和人身、财产安全的国家标准、行业标准的产品的,责令停止生产、销售,没收违法生产、销售的产品,并处违法生产、销售产品(包括已售出和未售出的产品,下同)货值金额等值以上三倍以下的罚款;有违法所得的,并处没收违法所得;情节严重的,吊销营业执照;构成犯罪的,依法追究刑事责任。

第五十条　在产品中掺杂、掺假,以假充真,以次充好,或者以不合格产品冒充合格产品的,责令停止生产、销售,没收违法生产、销售的产品,并处违法生产、销售产品货值金额百分之五十以上三倍以下的罚款;有违法所得的,并处没收违法所得;情节严重的,吊销营业执照;构成犯罪的,依法追究刑事责任。

第五十一条　生产国家明令淘汰的产品的,销售国家明令淘汰并停止销售的产品的,责令停止生产、销售,没收违法生产、销售的产品,并处违法生产、销售产品货值金额等值以下的罚款;有违法所得的,并处没收违法所得;情节严重的,吊销营业执照。

第五十二条　销售失效、变质的产品的,责令停止销售,没收违法销售的产品,并处违法销售产品货值金额二倍以下的罚款;有违法所得的,并处没收违法所得;情节严重的,吊销营业执照;构成犯罪的,依法追究刑事责任。

第五十三条　伪造产品产地的,伪造或者冒用他人厂名、厂址的,伪造或者冒用认证标志等质量标志的,责令改正,没收违法生产、销售的产品,并处违法生产、销售产品货值金额等值以下的罚款;有违法所得的,并处没收违法所得;情节严重的,吊销营业执照。

第五十四条　产品标识不符合本法第二十七条规定的,责令改正;有包装的产品标识不符合本法第二十七条第(四)项、第(五)项规定,情节严重的,责令停止生产、销售,并处违法生产、销售产品货值金额百分之三十以下的罚款;有违法所得的,并处没收违法所得。

第五十五条　销售者销售本法第四十九条至第五十三条规定禁止销售的产品,有充分证据证明其不知道该产品为禁止销售的产品并如实说明其进货来源的,可以从轻或者减轻处罚。

第五十六条　拒绝接受依法进行的产品质量监督检查的,给予警告,责令改正;拒不改正的,责令停业整顿;情节特别严重的,吊销营业执照。

第五十七条　产品质量检验机构、认证机构伪造检验结果或者出具虚假证明的,责令改正,对单位处五万元以上十万元以下的罚款,对直接负责的主管人员和其他直接责任人员处一万元以上五万元以下的罚款;有违法所得的,并处没收违法所得;情节严重的,取消其检验资格、认证资格;构成犯罪的,依法追究刑事责任。

产品质量检验机构、认证机构出具的检验结果或者证明不实,造成损失的,应当承担相应的赔偿责任;造成重大损失的,撤销其检验资格、认证资格。

产品质量认证机构违反本法第二十一条第二款的规定,对不符合认证标准而使用认证标志的产品,未依法要求其改正或者取消其使用认证标志资格的,对因产品不符合认证标准给消费者造成的损失,与产品的生产者、销售者承担连带责任;情节严重的,撤销其认证资格。

第五十八条　社会团体、社会中介机构对产品质量作出承诺、保证,而该产品又不符合其承诺、保证的质量要求,给消费者造成损失的,与产品的生产者、销售者承担连带责任。

第五十九条　在广告中对产品质量作虚假宣传,欺骗和误导消费者的,依照《中华人民共和国广告法》的规定追究法律责任。

第六十条　对生产者专门用于生产本法第四十九条、第五十一条所列的产品或者以假充真的产品的原辅材料、包装物、生产工具,应当予以没收。

第六十一条　知道或者应当知道属于本法规定禁止生产、销售的产品而为其提供运输、保管、仓储等便利条件的,或者为以假充真的产品提供制假生产技术的,没收全部运输、保管、仓储或者提供制假生产技术的收入,并处违法收入百分之五十以上三倍以下的罚款;构成犯罪的,依法追究刑事责任。

第六十二条　服务业的经营者将本法第四十九条至第五十二条规定禁止销售的产品用于经营性服务的,责令停止使用;对知道或者应当知道所使用的产品属于本法规定禁止销售的产品的,按照违法使用的产品(包括已使用和尚未使用的产品)的货值金额,依照本法对销售者的处罚规定处罚。

第六十三条　隐匿、转移、变卖、损毁被产品质量监督部门或者工商行政管理部门查封、扣押的物品的,处被隐匿、转移、变卖、损毁物品货值金额等值以上三倍以下的罚款;有违法所得的,并处没收违法所得。

第六十四条　违反本法规定,应当承担民事赔偿责任和缴纳罚款、罚金,其财产不足以同时支付时,先承担民事赔偿责任。

第六十五条　各级人民政府工作人员和其他国家机关工作人员有下列情形之一的,依法给予行政处分;构成犯罪的,依法追究刑事责任:

(一)包庇、放纵产品生产、销售中违反本法规定行为的;

(二)向从事违反本法规定的生产、销售活动的当事人通风报信,帮助其逃避查处的;

(三)阻挠、干预产品质量监督部门或者工商行政管理部门依法对产品生产、销售中违反本法规定的行为进行查处,造成严重后果的。

第六十六条　产品质量监督部门在产品质量监督抽查中超过规定的数量

索取样品或者向被检查人收取检验费用的,由上级产品质量监督部门或者监察机关责令退还;情节严重的,对直接负责的主管人员和其他直接责任人员依法给予行政处分。

第六十七条　产品质量监督部门或者其他国家机关违反本法第二十五条的规定,向社会推荐生产者的产品或者以监制、监销等方式参与产品经营活动的,由其上级机关或者监察机关责令改正,消除影响,有违法收入的予以没收;情节严重的,对直接负责的主管人员和其他直接责任人员依法给予行政处分。

产品质量检验机构有前款所列违法行为的,由产品质量监督部门责令改正,消除影响,有违法收入的予以没收,可以并处违法收入一倍以下的罚款;情节严重的,撤销其质量检验资格。

第六十八条　产品质量监督部门或者工商行政管理部门的工作人员滥用职权、玩忽职守、徇私舞弊,构成犯罪的,依法追究刑事责任;尚不构成犯罪的,依法给予行政处分。

第六十九条　以暴力、威胁方法阻碍产品质量监督部门或者工商行政管理部门的工作人员依法执行职务的,依法追究刑事责任;拒绝、阻碍未使用暴力、威胁方法的,由公安机关依照《治安管理处罚法》的规定处罚。

第七十条　本法规定的吊销营业执照的行政处罚由工商行政管理部门决定,本法第四十九条至第五十七条、第六十条至第六十三条规定的行政处罚由产品质量监督部门或者工商行政管理部门按照国务院规定的职权范围决定。法律、行政法规对行使行政处罚权的机关另有规定的,依照有关法律、行政法规的规定执行。

第七十一条　对依照本法规定没收的产品,依照国家有关规定进行销毁或者采取其他方式处理。

第七十二条　本法第四十九条至第五十四条、第六十二条、第六十三条所规定的货值金额以违法生产、销售产品的标价计算;没有标价的,按照同类产品的市场价格计算。

第六章

第七十三条　军工产品质量监督管理办法,由国务院、中央军事委员会另行制定。

因核设施、核产品造成损害的赔偿责任,法律、行政法规另有规定的,依照其规定。

第七十四条　本法自 1993 年 9 月 1 日起施行。

中华人民共和国农产品质量安全法

（2006 年 4 月 29 日第十届全国人民代表大会常务委员会第二十一次会议通过，自 2006 年 11 月 1 日起施行。根据 2018 年 10 月 26 日第十三届全国人民代表大会常务委员会第六次会议《关于修改〈中华人民共和国野生动物保护法〉等十五部法律的决定》修正）

第一章　总　则

第一条　为保障农产品质量安全，维护公众健康，促进农业和农村经济发展，制定本法。

第二条　本法所称农产品，是指来源于农业的初级产品，即在农业活动中获得的植物、动物、微生物及其产品。

本法所称农产品质量安全，是指农产品质量符合保障人的健康、安全的要求。

第三条　县级以上人民政府农业行政主管部门负责农产品质量安全的监督管理工作；县级以上人民政府有关部门按照职责分工，负责农产品质量安全的有关工作。

第四条　县级以上人民政府应当将农产品质量安全管理工作纳入本级国民经济和社会发展规划，并安排农产品质量安全经费，用于开展农产品质量安全工作。

第五条　县级以上地方人民政府统一领导、协调本行政区域内的农产品质量安全工作，并采取措施，建立健全农产品质量安全服务体系，提高农产品质量安全水平。

第六条　国务院农业行政主管部门应当设立由有关方面专家组成的农产品质量安全风险评估专家委员会，对可能影响农产品质量安全的潜在危害进行风险分析和评估。

国务院农业行政主管部门应当根据农产品质量安全风险评估结果采取相应的管理措施，并将农产品质量安全风险评估结果及时通报国务院有关部门。

第七条　国务院农业行政主管部门和省、自治区、直辖市人民政府农业行政主管部门应当按照职责权限，发布有关农产品质量安全状况信息。

第八条　国家引导、推广农产品标准化生产，鼓励和支持生产优质农产品，禁止生产、销售不符合国家规定的农产品质量安全标准的农产品。

第九条　国家支持农产品质量安全科学技术研究,推行科学的质量安全管理方法,推广先进安全的生产技术。

第十条　各级人民政府及有关部门应当加强农产品质量安全知识的宣传,提高公众的农产品质量安全意识,引导农产品生产者、销售者加强质量安全管理,保障农产品消费安全。

第二章　农产品质量安全标准

第十一条　国家建立健全农产品质量安全标准体系。农产品质量安全标准是强制性的技术规范。

农产品质量安全标准的制定和发布,依照有关法律、行政法规的规定执行。

第十二条　制定农产品质量安全标准应当充分考虑农产品质量安全风险评估结果,并听取农产品生产者、销售者和消费者的意见,保障消费安全。

第十三条　农产品质量安全标准应当根据科学技术发展水平以及农产品质量安全的需要,及时修订。

第十四条　农产品质量安全标准由农业行政主管部门商有关部门组织实施。

第三章　农产品产地

第十五条　县级以上地方人民政府农业行政主管部门按照保障农产品质量安全的要求,根据农产品品种特性和生产区域大气、土壤、水体中有毒有害物质状况等因素,认为不适宜特定农产品生产的,提出禁止生产的区域,报本级人民政府批准后公布。具体办法由国务院农业行政主管部门商国务院生态环境主管部门制定。

农产品禁止生产区域的调整,依照前款规定的程序办理。

第十六条　县级以上人民政府应当采取措施,加强农产品基地建设,改善农产品的生产条件。

县级以上人民政府农业行政主管部门应当采取措施,推进保障农产品质量安全的标准化生产综合示范区、示范农场、养殖小区和无规定动植物疫病区的建设。

第十七条　禁止在有毒有害物质超过规定标准的区域生产、捕捞、采集食用农产品和建立农产品生产基地。

第十八条　禁止违反法律、法规的规定向农产品产地排放或者倾倒废水、废气、固体废物或者其他有毒有害物质。

农业生产用水和用作肥料的固体废物,应当符合国家规定的标准。

第十九条 农产品生产者应当合理使用化肥、农药、兽药、农用薄膜等化工产品,防止对农产品产地造成污染。

第四章 农产品生产

第二十条 国务院农业行政主管部门和省、自治区、直辖市人民政府农业行政主管部门应当制定保障农产品质量安全的生产技术要求和操作规程。县级以上人民政府农业行政主管部门应当加强对农产品生产的指导。

第二十一条 对可能影响农产品质量安全的农药、兽药、饲料和饲料添加剂、肥料、兽医器械,依照有关法律、行政法规的规定实行许可制度。

国务院农业行政主管部门和省、自治区、直辖市人民政府农业行政主管部门应当定期对可能危及农产品质量安全的农药、兽药、饲料和饲料添加剂、肥料等农业投入品进行监督抽查,并公布抽查结果。

第二十二条 县级以上人民政府农业行政主管部门应当加强对农业投入品使用的管理和指导,建立健全农业投入品的安全使用制度。

第二十三条 农业科研教育机构和农业技术推广机构应当加强对农产品生产者质量安全知识和技能的培训。

第二十四条 农产品生产企业和农民专业合作经济组织应当建立农产品生产记录,如实记载下列事项:

(一)使用农业投入品的名称、来源、用法、用量和使用、停用的日期;

(二)动物疫病、植物病虫草害的发生和防治情况;

(三)收获、屠宰或者捕捞的日期。

农产品生产记录应当保存二年。禁止伪造农产品生产记录。

国家鼓励其他农产品生产者建立农产品生产记录。

第二十五条 农产品生产者应当按照法律、行政法规和国务院农业行政主管部门的规定,合理使用农业投入品,严格执行农业投入品使用安全间隔期或者休药期的规定,防止危及农产品质量安全。

禁止在农产品生产过程中使用国家明令禁止使用的农业投入品。

第二十六条 农产品生产企业和农民专业合作经济组织,应当自行或者委托检测机构对农产品质量安全状况进行检测;经检测不符合农产品质量安全标准的农产品,不得销售。

第二十七条 农民专业合作经济组织和农产品行业协会对其成员应当及

时提供生产技术服务,建立农产品质量安全管理制度,健全农产品质量安全控制体系,加强自律管理。

第五章　农产品包装和标识

第二十八条　农产品生产企业、农民专业合作经济组织以及从事农产品收购的单位或者个人销售的农产品,按照规定应当包装或者附加标识的,须经包装或者附加标识后方可销售。包装物或者标识上应当按照规定标明产品的品名、产地、生产者、生产日期、保质期、产品质量等级等内容;使用添加剂的,还应当按照规定标明添加剂的名称。具体办法由国务院农业行政主管部门制定。

第二十九条　农产品在包装、保鲜、贮存、运输中所使用的保鲜剂、防腐剂、添加剂等材料,应当符合国家有关强制性的技术规范。

第三十条　属于农业转基因生物的农产品,应当按照农业转基因生物安全管理的有关规定进行标识。

第三十一条　依法需要实施检疫的动植物及其产品,应当附具检疫合格标志、检疫合格证明。

第三十二条　销售的农产品必须符合农产品质量安全标准,生产者可以申请使用无公害农产品标志。农产品质量符合国家规定的有关优质农产品标准的,生产者可以申请使用相应的农产品质量标志。

禁止冒用前款规定的农产品质量标志。

第六章　监督检查

第三十三条　有下列情形之一的农产品,不得销售:

(一)含有国家禁止使用的农药、兽药或者其他化学物质的;

(二)农药、兽药等化学物质残留或者含有的重金属等有毒有害物质不符合农产品质量安全标准的;

(三)含有的致病性寄生虫、微生物或者生物毒素不符合农产品质量安全标准的;

(四)使用的保鲜剂、防腐剂、添加剂等材料不符合国家有关强制性的技术规范的;

(五)其他不符合农产品质量安全标准的。

第三十四条　国家建立农产品质量安全监测制度。县级以上人民政府农业行政主管部门应当按照保障农产品质量安全的要求,制定并组织实施农产品质量安全监测计划,对生产中或者市场上销售的农产品进行监督抽查。监督抽查结果由国务院农业行政主管部门或者省、自治区、直辖市人民政府农业行政主管部门按照权限予以公布。

监督抽查检测应当委托符合本法第三十五条规定条件的农产品质量安全检测机构进行,不得向被抽查人收取费用,抽取的样品不得超过国务院农业行政主管部门规定的数量。上级农业行政主管部门监督抽查的农产品,下级农业行政主管部门不得另行重复抽查。

第三十五条 农产品质量安全检测应当充分利用现有的符合条件的检测机构。

从事农产品质量安全检测的机构,必须具备相应的检测条件和能力,由省级以上人民政府农业行政主管部门或者其授权的部门考核合格。具体办法由国务院农业行政主管部门制定。

农产品质量安全检测机构应当依法经计量认证合格。

第三十六条 农产品生产者、销售者对监督抽查检测结果有异议的,可以自收到检测结果之日起五日内,向组织实施农产品质量安全监督抽查的农业行政主管部门或者其上级农业行政主管部门申请复检。

采用国务院农业行政主管部门会同有关部门认定的快速检测方法进行农产品质量安全监督抽查检测,被抽查人对检测结果有异议的,可以自收到检测结果时起四小时内申请复检。复检不得采用快速检测方法。

因检测结果错误给当事人造成损害的,依法承担赔偿责任。

第三十七条 农产品批发市场应当设立或者委托农产品质量安全检测机构,对进场销售的农产品质量安全状况进行抽查检测;发现不符合农产品质量安全标准的,应当要求销售者立即停止销售,并向农业行政主管部门报告。

农产品销售企业对其销售的农产品,应当建立健全进货检查验收制度;经查验不符合农产品质量安全标准的,不得销售。

第三十八条 国家鼓励单位和个人对农产品质量安全进行社会监督。任何单位和个人都有权对违反本法的行为进行检举、揭发和控告。有关部门收到相关的检举、揭发和控告后,应当及时处理。

第三十九条 县级以上人民政府农业行政主管部门在农产品质量安全监督检查中,可以对生产、销售的农产品进行现场检查,调查了解农产品质量安全的有关情况,查阅、复制与农产品质量安全有关的记录和其他资料;对经检测不符合农产品质量安全标准的农产品,有权查封、扣押。

第四十条 发生农产品质量安全事故时,有关单位和个人应当采取控制措施,及时向所在地乡级人民政府和县级人民政府农业行政主管部门报告;收到报告的机关应当及时处理并报上一级人民政府和有关部门。发生重大农产品质量安全事故时,农业行政主管部门应当及时通报同级市场监督管理部门。

第四十一条　县级以上人民政府农业行政主管部门在农产品质量安全监督管理中,发现有本法第三十三条所列情形之一的农产品,应当按照农产品质量安全责任追究制度的要求,查明责任人,依法予以处理或者提出处理建议。

第四十二条　进口的农产品必须按照国家规定的农产品质量安全标准进行检验;尚未制定有关农产品质量安全标准的,应当依法及时制定,未制定之前,可以参照国家有关部门指定的国外有关标准进行检验。

第七章　法律责任

第四十三条　农产品质量安全监督管理人员不依法履行监督职责,或者滥用职权的,依法给予行政处分。

第四十四条　农产品质量安全检测机构伪造检测结果的,责令改正,没收违法所得,并处五万元以上十万元以下罚款,对直接负责的主管人员和其他直接责任人员处一万元以上五万元以下罚款;情节严重的,撤销其检测资格;造成损害的,依法承担赔偿责任。

农产品质量安全检测机构出具检测结果不实,造成损害的,依法承担赔偿责任;造成重大损害的,并撤销其检测资格。

第四十五条　违反法律、法规规定,向农产品产地排放或者倾倒废水、废气、固体废物或者其他有毒有害物质的,依照有关环境保护法律、法规的规定处罚;造成损害的,依法承担赔偿责任。

第四十六条　使用农业投入品违反法律、行政法规和国务院农业行政主管部门的规定的,依照有关法律、行政法规的规定处罚。

第四十七条　农产品生产企业、农民专业合作经济组织未建立或者未按照规定保存农产品生产记录的,或者伪造农产品生产记录的,责令限期改正;逾期不改正的,可以处二千元以下罚款。

第四十八条　违反本法第二十八条规定,销售的农产品未按照规定进行包装、标识的,责令限期改正;逾期不改正的,可以处二千元以下罚款。

第四十九条　有本法第三十三条第四项规定情形,使用的保鲜剂、防腐剂、添加剂等材料不符合国家有关强制性的技术规范的,责令停止销售,对被污染的农产品进行无害化处理,对不能进行无害化处理的予以监督销毁;没收违法所得,并处二千元以上二万元以下罚款。

第五十条　农产品生产企业、农民专业合作经济组织销售的农产品有本法第三十三条第一项至第三项或者第五项所列情形之一的,责令停止销售,追回已经销售的农产品,对违法销售的农产品进行无害化处理或者予以监督销毁;没收违法所得,并处二千元以上二万元以下罚款。

农产品销售企业销售的农产品有前款所列情形的,依照前款规定处理、处罚。

农产品批发市场中销售的农产品有第一款所列情形的,对违法销售的农产品依照第一款规定处理,对农产品销售者依照第一款规定处罚。

农产品批发市场违反本法第三十七条第一款规定的,责令改正,处二千元以上二万元以下罚款。

第五十一条　违反本法第三十二条规定,冒用农产品质量标志的,责令改正,没收违法所得,并处二千元以上二万元以下罚款。

第五十二条　本法第四十四条,第四十七条至第四十九条,第五十条第一款、第四款和第五十一条规定的处理、处罚,由县级以上人民政府农业行政主管部门决定;第五十条第二款、第三款规定的处理、处罚,由市场监督管理部门决定。

法律对行政处罚及处罚机关有其他规定的,从其规定。但是,对同一违法行为不得重复处罚。

第五十三条　违反本法规定,构成犯罪的,依法追究刑事责任。

第五十四条　生产、销售本法第三十三条所列农产品,给消费者造成损害的,依法承担赔偿责任。

农产品批发市场中销售的农产品有前款规定情形的,消费者可以向农产品批发市场要求赔偿;属于生产者、销售者责任的,农产品批发市场有权追偿。消费者也可以直接向农产品生产者、销售者要求赔偿。

第八章　附　　则

第五十五条　生猪屠宰的管理按照国家有关规定执行。

第五十六条　本法自 2006 年 11 月 1 日起施行。

中华人民共和国食品安全法

（2009 年 2 月 28 日第十一届全国人民代表大会常务委员会第七次会议通过。2015 年 4 月 24 日第十二届全国人民代表大会常务委员会第十四次会议修订，自 2015 年 10 月 1 日起施行）

第一章　总则

第一条　为了保证食品安全，保障公众身体健康和生命安全，制定本法。

第二条　在中华人民共和国境内从事下列活动，应当遵守本法：

（一）食品生产和加工（以下称食品生产），食品销售和餐饮服务（以下称食品经营）；

（二）食品添加剂的生产经营；

（三）用于食品的包装材料、容器、洗涤剂、消毒剂和用于食品生产经营的工具、设备（以下称食品相关产品）的生产经营；

（四）食品生产经营者使用食品添加剂、食品相关产品；

（五）食品的贮存和运输；

（六）对食品、食品添加剂、食品相关产品的安全管理。

供食用的源于农业的初级产品（以下称食用农产品）的质量安全管理，遵守《中华人民共和国农产品质量安全法》的规定。但是，食用农产品的市场销售、有关质量安全标准的制定、有关安全信息的公布和本法对农业投入品作出规定的，应当遵守本法的规定。

第三条　食品安全工作实行预防为主、风险管理、全程控制、社会共治，建立科学、严格的监督管理制度。

第四条　食品生产经营者对其生产经营食品的安全负责。食品生产经营者应当依照法律、法规和食品安全标准从事生产经营活动，保证食品安全，诚信自律，对社会和公众负责，接受社会监督，承担社会责任。

第五条　国务院设立食品安全委员会，其职责由国务院规定。国务院食品安全监督管理部门依照本法和国务院规定的职责，对食品生产经营活动实施监督管理。国务院卫生行政部门依照本法和国务院规定的职责，组织开展食品安全风险监测和风险评估，会同国务院食品安全监督管理部门制定并公布食品安全国家标准。国务院其他有关部门依照本法和国务院规定的职责，承担有关食品安全工作。

第六条　县级以上地方人民政府对本行政区域的食品安全监督管理工作负责,统一领导、组织、协调本行政区域的食品安全监督管理工作以及食品安全突发事件应对工作,建立健全食品安全全程监督管理工作机制和信息共享机制。县级以上地方人民政府依照本法和国务院的规定,确定本级食品安全监督管理、卫生行政部门和其他有关部门的职责。有关部门在各自职责范围内负责本行政区域的食品安全监督管理工作。县级人民政府食品安全监督管理部门可以在乡镇或者特定区域设立派出机构。

第七条　县级以上地方人民政府实行食品安全监督管理责任制。上级人民政府负责对下一级人民政府的食品安全监督管理工作进行评议、考核。县级以上地方人民政府负责对本级食品安全监督管理部门和其他有关部门的食品安全监督管理工作进行评议、考核。

第八条　县级以上人民政府应当将食品安全工作纳入本级国民经济和社会发展规划,将食品安全工作经费列入本级政府财政预算,加强食品安全监督管理能力建设,为食品安全工作提供保障。县级以上人民政府食品安全监督管理部门和其他有关部门应当加强沟通、密切配合,按照各自职责分工,依法行使职权,承担责任。

第九条　食品行业协会应当加强行业自律,按照章程建立健全行业规范和奖惩机制,提供食品安全信息、技术等服务,引导和督促食品生产经营者依法生产经营,推动行业诚信建设,宣传、普及食品安全知识。消费者协会和其他消费者组织对违反本法规定,损害消费者合法权益的行为,依法进行社会监督。

第十条　各级人民政府应当加强食品安全的宣传教育,普及食品安全知识,鼓励社会组织、基层群众性自治组织、食品生产经营者开展食品安全法律、法规以及食品安全标准和知识的普及工作,倡导健康的饮食方式,增强消费者食品安全意识和自我保护能力。新闻媒体应当开展食品安全法律、法规以及食品安全标准和知识的公益宣传,并对食品安全违法行为进行舆论监督。有关食品安全的宣传报道应当真实、公正。

第十一条　国家鼓励和支持开展与食品安全有关的基础研究、应用研究,鼓励和支持食品生产经营者为提高食品安全水平采用先进技术和先进管理规范。国家对农药的使用实行严格的管理制度,加快淘汰剧毒、高毒、高残留农药,推动替代产品的研发和应用,鼓励使用高效低毒低残留农药。

第十二条　任何组织或者个人有权举报食品安全违法行为,依法向有关部门了解食品安全信息,对食品安全监督管理工作提出意见和建议。

第十三条　对在食品安全工作中做出突出贡献的单位和个人,按照国家有关规定给予表彰、奖励。

第二章　食品安全风险监测和评估

第十四条　国家建立食品安全风险监测制度,对食源性疾病、食品污染以及食品中的有害因素进行监测。国务院卫生行政部门会同国务院食品安全监督管理等部门,制定、实施国家食品安全风险监测计划。国务院食品安全监督管理部门和其他有关部门获知有关食品安全风险信息后,应当立即核实并向国务院卫生行政部门通报。对有关部门通报的食品安全风险信息以及医疗机构报告的食源性疾病等有关疾病信息,国务院卫生行政部门应当会同国务院有关部门分析研究,认为必要的,及时调整国家食品安全风险监测计划。省、自治区、直辖市人民政府卫生行政部门会同同级食品安全监督管理等部门,根据国家食品安全风险监测计划,结合本行政区域的具体情况,制定、调整本行政区域的食品安全风险监测方案,报国务院卫生行政部门备案并实施。

第十五条　承担食品安全风险监测工作的技术机构应当根据食品安全风险监测计划和监测方案开展监测工作,保证监测数据真实、准确,并按照食品安全风险监测计划和监测方案的要求报送监测数据和分析结果。食品安全风险监测工作人员有权进入相关食用农产品种植养殖、食品生产经营场所采集样品、收集相关数据。采集样品应当按照市场价格支付费用。

第十六条　食品安全风险监测结果表明可能存在食品安全隐患的,县级以上人民政府卫生行政部门应当及时将相关信息通报同级食品安全监督管理等部门,并报告本级人民政府和上级人民政府卫生行政部门。食品安全监督管理等部门应当组织开展进一步调查。

第十七条　国家建立食品安全风险评估制度,运用科学方法,根据食品安全风险监测信息、科学数据以及有关信息,对食品、食品添加剂、食品相关产品中生物性、化学性和物理性危害因素进行风险评估。国务院卫生行政部门负责组织食品安全风险评估工作,成立由医学、农业、食品、营养、生物、环境等方面的专家组成的食品安全风险评估专家委员会进行食品安全风险评估。食品安全风险评估结果由国务院卫生行政部门公布。对农药、肥料、兽药、饲料和饲料添加剂等的安全性评估,应当有食品安全风险评估专家委员会的专家参加。食品安全风险评估不得向生产经营者收取费用,采集样品应当按照市场价格支付费用。

第十八条　有下列情形之一的,应当进行食品安全风险评估:

（一）通过食品安全风险监测或者接到举报发现食品、食品添加剂、食品相关产品可能存在安全隐患的；

（二）为制定或者修订食品安全国家标准提供科学依据需要进行风险评估的；

（三）为确定监督管理的重点领域、重点品种需要进行风险评估的；

（四）发现新的可能危害食品安全因素的；

（五）需要判断某一因素是否构成食品安全隐患的；

（六）国务院卫生行政部门认为需要进行风险评估的其他情形。

第十九条　国务院食品安全监督管理、农业行政等部门在监督管理工作中发现需要进行食品安全风险评估的，应当向国务院卫生行政部门提出食品安全风险评估的建议，并提供风险来源、相关检验数据和结论等信息、资料。属于本法第十八条规定情形的，国务院卫生行政部门应当及时进行食品安全风险评估，并向国务院有关部门通报评估结果。

第二十条　省级以上人民政府卫生行政、农业行政部门应当及时相互通报食品、食用农产品安全风险监测信息。国务院卫生行政、农业行政部门应当及时相互通报食品、食用农产品安全风险评估结果等信息。

第二十一条　食品安全风险评估结果是制定、修订食品安全标准和实施食品安全监督管理的科学依据。经食品安全风险评估，得出食品、食品添加剂、食品相关产品不安全结论的，国务院食品安全监督管理等部门应当依据各自职责立即向社会公告，告知消费者停止食用或者使用，并采取相应措施，确保该食品、食品添加剂、食品相关产品停止生产经营；需要制定、修订相关食品安全国家标准的，国务院卫生行政部门应当会同国务院食品安全监督管理部门立即制定、修订。

第二十二条　国务院食品安全监督管理部门应当会同国务院有关部门，根据食品安全风险评估结果、食品安全监督管理信息，对食品安全状况进行综合分析。对经综合分析表明可能具有较高程度安全风险的食品，国务院食品安全监督管理部门应当及时提出食品安全风险警示，并向社会公布。

第二十三条　县级以上人民政府食品安全监督管理部门和其他有关部门、食品安全风险评估专家委员会及其技术机构，应当按照科学、客观、及时、公开的原则，组织食品生产经营者、食品检验机构、认证机构、食品行业协会、消费者协会以及新闻媒体等，就食品安全风险评估信息和食品安全监督管理信息进行交流沟通。

第三章　食品安全标准

第二十四条　制定食品安全标准,应当以保障公众身体健康为宗旨,做到科学合理、安全可靠。

第二十五条　食品安全标准是强制执行的标准。除食品安全标准外,不得制定其他食品强制性标准。

第二十六条　食品安全标准应当包括下列内容:

(一)食品、食品添加剂、食品相关产品中的致病性微生物,农药残留、兽药残留、生物毒素、重金属等污染物质以及其他危害人体健康物质的限量规定;

(二)食品添加剂的品种、使用范围、用量;

(三)专供婴幼儿和其他特定人群的主辅食品的营养成分要求;

(四)对与卫生、营养等食品安全要求有关的标签、标志、说明书的要求;

(五)食品生产经营过程的卫生要求;

(六)与食品安全有关的质量要求;

(七)与食品安全有关的食品检验方法与规程;

(八)其他需要制定为食品安全标准的内容。

第二十七条　食品安全国家标准由国务院卫生行政部门会同国务院食品安全监督管理部门制定、公布,国务院标准化行政部门提供国家标准编号。食品中农药残留、兽药残留的限量规定及其检验方法与规程由国务院卫生行政部门、国务院农业行政部门会同国务院食品安全监督管理部门制定。屠宰畜、禽的检验规程由国务院农业行政部门会同国务院卫生行政部门制定。

第二十八条　制定食品安全国家标准,应当依据食品安全风险评估结果并充分考虑食用农产品安全风险评估结果,参照相关的国际标准和国际食品安全风险评估结果,并将食品安全国家标准草案向社会公布,广泛听取食品生产经营者、消费者、有关部门等方面的意见。食品安全国家标准应当经国务院卫生行政部门组织的食品安全国家标准审评委员会审查通过。食品安全国家标准审评委员会由医学、农业、食品、营养、生物、环境等方面的专家以及国务院有关部门、食品行业协会、消费者协会的代表组成,对食品安全国家标准草案的科学性和实用性等进行审查。

第二十九条　对地方特色食品,没有食品安全国家标准的,省、自治区、直辖市人民政府卫生行政部门可以制定并公布食品安全地方标准,报国务院卫生行政部门备案。食品安全国家标准制定后,该地方标准即行废止。

第三十条　国家鼓励食品生产企业制定严于食品安全国家标准或者地方标准的企业标准,在本企业适用,并报省、自治区、直辖市人民政府卫生行政部门备案。

第三十一条　省级以上人民政府卫生行政部门应当在其网站上公布制定和备案的食品安全国家标准、地方标准和企业标准,供公众免费查阅、下载。对食品安全标准执行过程中的问题,县级以上人民政府卫生行政部门应当会同有关部门及时给予指导、解答。

第三十二条　省级以上人民政府卫生行政部门应当会同同级食品安全监督管理、农业行政等部门,分别对食品安全国家标准和地方标准的执行情况进行跟踪评价,并根据评价结果及时修订食品安全标准。省级以上人民政府食品安全监督管理、农业行政等部门应当对食品安全标准执行中存在的问题进行收集、汇总,并及时向同级卫生行政部门通报。食品生产经营者、食品行业协会发现食品安全标准在执行中存在问题的,应当立即向卫生行政部门报告。

第四章　食品生产经营

第三十三条　食品生产经营应当符合食品安全标准,并符合下列要求:

(一)具有与生产经营的食品品种、数量相适应的食品原料处理和食品加工、包装、贮存等场所,保持该场所环境整洁,并与有毒、有害场所以及其他污染源保持规定的距离;

(二)具有与生产经营的食品品种、数量相适应的生产经营设备或者设施,有相应的消毒、更衣、盥洗、采光、照明、通风、防腐、防尘、防蝇、防鼠、防虫、洗涤以及处理废水、存放垃圾和废弃物的设备或者设施;

(三)有专职或者兼职的食品安全专业技术人员、食品安全管理人员和保证食品安全的规章制度;

(四)具有合理的设备布局和工艺流程,防止待加工食品与直接入口食品、原料与成品交叉污染,避免食品接触有毒物、不洁物;

(五)餐具、饮具和盛放直接入口食品的容器,使用前应当洗净、消毒,炊具、用具用后应当洗净,保持清洁;

(六)贮存、运输和装卸食品的容器、工具和设备应当安全、无害,保持清洁,防止食品污染,并符合保证食品安全所需的温度、湿度等特殊要求,不得将食品与有毒、有害物品一同贮存、运输;

(七)直接入口的食品应当使用无毒、清洁的包装材料、餐具、饮具和容器;

（八）食品生产经营人员应当保持个人卫生，生产经营食品时，应当将手洗净，穿戴清洁的工作衣、帽等；销售无包装的直接入口食品时，应当使用无毒、清洁的容器、售货工具和设备；

（九）用水应当符合国家规定的生活饮用水卫生标准；

（十）使用的洗涤剂、消毒剂应当对人体安全、无害；

（十一）法律、法规规定的其他要求。非食品生产经营者从事食品贮存、运输和装卸的，应当符合前款第六项的规定。

第三十四条 禁止生产经营下列食品、食品添加剂、食品相关产品：

（一）用非食品原料生产的食品或者添加食品添加剂以外的化学物质和其他可能危害人体健康物质的食品，或者用回收食品作为原料生产的食品；

（二）致病性微生物，农药残留、兽药残留、生物毒素、重金属等污染物质以及其他危害人体健康的物质含量超过食品安全标准限量的食品、食品添加剂、食品相关产品；

（三）用超过保质期的食品原料、食品添加剂生产的食品、食品添加剂；

（四）超范围、超限量使用食品添加剂的食品；

（五）营养成分不符合食品安全标准的专供婴幼儿和其他特定人群的主辅食品；

（六）腐败变质、油脂酸败、霉变生虫、污秽不洁、混有异物、掺假掺杂或者感官性状异常的食品、食品添加剂；

（七）病死、毒死或者死因不明的禽、畜、兽、水产动物肉类及其制品；

（八）未按规定进行检疫或者检疫不合格的肉类，或者未经检验或者检验不合格的肉类制品；

（九）被包装材料、容器、运输工具等污染的食品、食品添加剂；

（十）标注虚假生产日期、保质期或者超过保质期的食品、食品添加剂；

（十一）无标签的预包装食品、食品添加剂；

（十二）国家为防病等特殊需要明令禁止生产经营的食品；

（十三）其他不符合法律、法规或者食品安全标准的食品、食品添加剂、食品相关产品。

第三十五条 国家对食品生产经营实行许可制度。从事食品生产、食品销售、餐饮服务，应当依法取得许可。但是，销售食用农产品，不需要取得许可。县级以上地方人民政府食品安全监督管理部门应当依照《中华人民共和国行政许可法》的规定，审核申请人提交的本法第三十三条第一款第一项至第四项规定要求的相关资料，必要时对申请人的生产经营场所进行现场核查；

对符合规定条件的,准予许可;对不符合规定条件的,不予许可并书面说明理由。

第三十六条 食品生产加工小作坊和食品摊贩等从事食品生产经营活动,应当符合本法规定的与其生产经营规模、条件相适应的食品安全要求,保证所生产经营的食品卫生、无毒、无害,食品安全监督管理部门应当对其加强监督管理。县级以上地方人民政府应当对食品生产加工小作坊、食品摊贩等进行综合治理,加强服务和统一规划,改善其生产经营环境,鼓励和支持其改进生产经营条件,进入集中交易市场、店铺等固定场所经营,或者在指定的临时经营区域、时段经营。食品生产加工小作坊和食品摊贩等的具体管理办法由省、自治区、直辖市制定。

第三十七条 利用新的食品原料生产食品,或者生产食品添加剂新品种、食品相关产品新品种,应当向国务院卫生行政部门提交相关产品的安全性评估材料。国务院卫生行政部门应当自收到申请之日起六十日内组织审查;对符合食品安全要求的,准予许可并公布;对不符合食品安全要求的,不予许可并书面说明理由。

第三十八条 生产经营的食品中不得添加药品,但是可以添加按照传统既是食品又是中药材的物质。按照传统既是食品又是中药材的物质目录由国务院卫生行政部门会同国务院食品安全监督管理部门制定、公布。

第三十九条 国家对食品添加剂生产实行许可制度。从事食品添加剂生产,应当具有与所生产食品添加剂品种相适应的场所、生产设备或者设施、专业技术人员和管理制度,并依照本法第三十五条第二款规定的程序,取得食品添加剂生产许可。生产食品添加剂应当符合法律、法规和食品安全国家标准。

第四十条 食品添加剂应当在技术上确有必要且经过风险评估证明安全可靠,方可列入允许使用的范围;有关食品安全国家标准应当根据技术必要性和食品安全风险评估结果及时修订。食品生产经营者应当按照食品安全国家标准使用食品添加剂。

第四十一条 生产食品相关产品应当符合法律、法规和食品安全国家标准。对直接接触食品的包装材料等具有较高风险的食品相关产品,按照国家有关工业产品生产许可证管理的规定实施生产许可。食品安全监督管理部门应当加强对食品相关产品生产活动的监督管理。

第四十二条 国家建立食品安全全程追溯制度。食品生产经营者应当依照本法的规定,建立食品安全追溯体系,保证食品可追溯。国家鼓励食品生产经营者采用信息化手段采集、留存生产经营信息,建立食品安全追溯体系。国务院食品安全监督管理部门会同国务院农业行政等有关部门建立食品安全全程追溯协作机制。

第四十三条　地方各级人民政府应当采取措施鼓励食品规模化生产和连锁经营、配送。国家鼓励食品生产经营企业参加食品安全责任保险。

第四十四条　食品生产经营企业应当建立健全食品安全管理制度,对职工进行食品安全知识培训,加强食品检验工作,依法从事生产经营活动。食品生产经营企业的主要负责人应当落实企业食品安全管理制度,对本企业的食品安全工作全面负责。食品生产经营企业应当配备食品安全管理人员,加强对其培训和考核。经考核不具备食品安全管理能力的,不得上岗。食品安全监督管理部门应当对企业食品安全管理人员随机进行监督抽查考核并公布考核情况。监督抽查考核不得收取费用。

第四十五条　食品生产经营者应当建立并执行从业人员健康管理制度。患有国务院卫生行政部门规定的有碍食品安全疾病的人员,不得从事接触直接入口食品的工作。从事接触直接入口食品工作的食品生产经营人员应当每年进行健康检查,取得健康证明后方可上岗工作。

第四十六条　食品生产企业应当就下列事项制定并实施控制要求,保证所生产的食品符合食品安全标准:

(一)原料采购、原料验收、投料等原料控制;

(二)生产工序、设备、贮存、包装等生产关键环节控制;

(三)原料检验、半成品检验、成品出厂检验等检验控制;

(四)运输和交付控制。

第四十七条　食品生产经营者应当建立食品安全自查制度,定期对食品安全状况进行检查评价。生产经营条件发生变化,不再符合食品安全要求的,食品生产经营者应当立即采取整改措施;有发生食品安全事故潜在风险的,应当立即停止食品生产经营活动,并向所在地县级人民政府食品安全监督管理部门报告。

第四十八条　国家鼓励食品生产经营企业符合良好生产规范要求,实施危害分析与关键控制点体系,提高食品安全管理水平。对通过良好生产规范、危害分析与关键控制点体系认证的食品生产经营企业,认证机构应当依法实施跟踪调查;对不再符合认证要求的企业,应当依法撤销认证,及时向县级以上人民政府食品安全监督管理部门通报,并向社会公布。认证机构实施跟踪调查不得收取费用。

第四十九条　食用农产品生产者应当按照食品安全标准和国家有关规定

使用农药、肥料、兽药、饲料和饲料添加剂等农业投入品,严格执行农业投入品使用安全间隔期或者休药期的规定,不得使用国家明令禁止的农业投入品。禁止将剧毒、高毒农药用于蔬菜、瓜果、茶叶和中草药材等国家规定的农作物。食用农产品的生产企业和农民专业合作经济组织应当建立农业投入品使用记录制度。县级以上人民政府农业行政部门应当加强对农业投入品使用的监督管理和指导,建立健全农业投入品安全使用制度。

第五十条　食品生产者采购食品原料、食品添加剂、食品相关产品,应当查验供货者的许可证和产品合格证明;对无法提供合格证明的食品原料,应当按照食品安全标准进行检验;不得采购或者使用不符合食品安全标准的食品原料、食品添加剂、食品相关产品。食品生产企业应当建立食品原料、食品添加剂、食品相关产品进货查验记录制度,如实记录食品原料、食品添加剂、食品相关产品的名称、规格、数量、生产日期或者生产批号、保质期、进货日期以及供货者名称、地址、联系方式等内容,并保存相关凭证。记录和凭证保存期限不得少于产品保质期满后六个月;没有明确保质期的,保存期限不得少于二年。

第五十一条　食品生产企业应当建立食品出厂检验记录制度,查验出厂食品的检验合格证和安全状况,如实记录食品的名称、规格、数量、生产日期或者生产批号、保质期、检验合格证号、销售日期以及购货者名称、地址、联系方式等内容,并保存相关凭证。记录和凭证保存期限应当符合本法第五十条第二款的规定。

第五十二条　食品、食品添加剂、食品相关产品的生产者,应当按照食品安全标准对所生产的食品、食品添加剂、食品相关产品进行检验,检验合格后方可出厂或者销售。

第五十三条　食品经营者采购食品,应当查验供货者的许可证和食品出厂检验合格证或者其他合格证明(以下称合格证明文件)。食品经营企业应当建立食品进货查验记录制度,如实记录食品的名称、规格、数量、生产日期或者生产批号、保质期、进货日期以及供货者名称、地址、联系方式等内容,并保存相关凭证。记录和凭证保存期限应当符合本法第五十条第二款的规定。实行统一配送经营方式的食品经营企业,可以由企业总部统一查验供货者的许可证和食品合格证明文件,进行食品进货查验记录。从事食品批发业务的经营企业应当建立食品销售记录制度,如实记录批发食品的名称、规格、数量、生产日期或者生产批号、保质期、销售日期以及购货者名称、地址、联系方式等内容,并保存相关凭证。记录和凭证保存期限应当符合本法第五十条第二款的规定。

第五十四条　食品经营者应当按照保证食品安全的要求贮存食品,定期检查库存食品,及时清理变质或者超过保质期的食品。食品经营者贮存散装食品,应当在贮存位置标明食品的名称、生产日期或者生产批号、保质期、生产者名称及联系方式等内容。

第五十五条　餐饮服务提供者应当制定并实施原料控制要求,不得采购不符合食品安全标准的食品原料。倡导餐饮服务提供者公开加工过程,公示食品原料及其来源等信息。餐饮服务提供者在加工过程中应当检查待加工的食品及原料,发现有本法第三十四条第六项规定情形的,不得加工或者使用。

第五十六条　餐饮服务提供者应当定期维护食品加工、贮存、陈列等设施、设备;定期清洗、校验保温设施及冷藏、冷冻设施。餐饮服务提供者应当按照要求对餐具、饮具进行清洗消毒,不得使用未经清洗消毒的餐具、饮具;餐饮服务提供者委托清洗消毒餐具、饮具的,应当委托符合本法规定条件的餐具、饮具集中消毒服务单位。

第五十七条　学校、托幼机构、养老机构、建筑工地等集中用餐单位的食堂应当严格遵守法律、法规和食品安全标准;从供餐单位订餐的,应当从取得食品生产经营许可的企业订购,并按照要求对订购的食品进行查验。供餐单位应当严格遵守法律、法规和食品安全标准,当餐加工,确保食品安全。学校、托幼机构、养老机构、建筑工地等集中用餐单位的主管部门应当加强对集中用餐单位的食品安全教育和日常管理,降低食品安全风险,及时消除食品安全隐患。

第五十八条　餐具、饮具集中消毒服务单位应当具备相应的作业场所、清洗消毒设备或者设施,用水和使用的洗涤剂、消毒剂应当符合相关食品安全国家标准和其他国家标准、卫生规范。餐具、饮具集中消毒服务单位应当对消毒餐具、饮具进行逐批检验,检验合格后方可出厂,并应当随附消毒合格证明。消毒后的餐具、饮具应当在独立包装上标注单位名称、地址、联系方式、消毒日期以及使用期限等内容。

第五十九条　食品添加剂生产者应当建立食品添加剂出厂检验记录制度,查验出厂产品的检验合格证和安全状况,如实记录食品添加剂的名称、规格、数量、生产日期或者生产批号、保质期、检验合格证号、销售日期以及购货者名称、地址、联系方式等相关内容,并保存相关凭证。记录和凭证保存期限应当符合本法第五十条第二款的规定。

第六十条　食品添加剂经营者采购食品添加剂,应当依法查验供货者的许可证和产品合格证明文件,如实记录食品添加剂的名称、规格、数量、生产日期或者生产批号、保质期、进货日期以及供货者名称、地址、联系方式等内容,并保存相关凭证。记录和凭证保存期限应当符合本法第五十条第二款的规定。

第六十一条　集中交易市场的开办者、柜台出租者和展销会举办者,应当依法审查入场食品经营者的许可证,明确其食品安全管理责任,定期对其经营环境和条件进行检查,发现其有违反本法规定行为的,应当及时制止并立即报告所在地县级人民政府食品安全监督管理部门。

第六十二条　网络食品交易第三方平台提供者应当对入网食品经营者进行实名登记,明确其食品安全管理责任;依法应当取得许可证的,还应当审查其许可证。网络食品交易第三方平台提供者发现入网食品经营者有违反本法规定行为的,应当及时制止并立即报告所在地县级人民政府食品安全监督管理部门;发现严重违法行为的,应当立即停止提供网络交易平台服务。

第六十三条　国家建立食品召回制度。食品生产者发现其生产的食品不符合食品安全标准或者有证据证明可能危害人体健康的,应当立即停止生产,召回已经上市销售的食品,通知相关生产经营者和消费者,并记录召回和通知情况。食品经营者发现其经营的食品有前款规定情形的,应当立即停止经营,通知相关生产经营者和消费者,并记录停止经营和通知情况。食品生产者认为应当召回的,应当立即召回。由于食品经营者的原因造成其经营的食品有前款规定情形的,食品经营者应当召回。食品生产经营者应当对召回的食品采取无害化处理、销毁等措施,防止其再次流入市场。但是,对因标签、标志或者说明书不符合食品安全标准而被召回的食品,食品生产者在采取补救措施且能保证食品安全的情况下可以继续销售;销售时应当向消费者明示补救措施。食品生产经营者应当将食品召回和处理情况向所在地县级人民政府食品安全监督管理部门报告;需要对召回的食品进行无害化处理、销毁的,应当提前报告时间、地点。食品安全监督管理部门认为必要的,可以实施现场监督。食品生产经营者未依照本条规定召回或者停止经营的,县级以上人民政府食品安全监督管理部门可以责令其召回或者停止经营。

第六十四条　食用农产品批发市场应当配备检验设备和检验人员或者委托符合本法规定的食品检验机构,对进入该批发市场销售的食用农产品进行抽样检验;发现不符合食品安全标准的,应当要求销售者立即停止销售,并向食品安全监督管理部门报告。

第六十五条　食用农产品销售者应当建立食用农产品进货查验记录制

度,如实记录食用农产品的名称、数量、进货日期以及供货者名称、地址、联系方式等内容,并保存相关凭证。记录和凭证保存期限不得少于六个月。

第六十六条　进入市场销售的食用农产品在包装、保鲜、贮存、运输中使用保鲜剂、防腐剂等食品添加剂和包装材料等食品相关产品,应当符合食品安全国家标准。

第六十七条　预包装食品的包装上应当有标签。标签应当标明下列事项:

(一)名称、规格、净含量、生产日期;

(二)成分或者配料表;

(三)生产者的名称、地址、联系方式;

(四)保质期;

(五)产品标准代号;

(六)贮存条件;

(七)所使用的食品添加剂在国家标准中的通用名称;

(八)生产许可证编号;

(九)法律、法规或者食品安全标准规定应当标明的其他事项。专供婴幼儿和其他特定人群的主辅食品,其标签还应当标明主要营养成分及其含量。食品安全国家标准对标签标注事项另有规定的,从其规定。

第六十八条　食品经营者销售散装食品,应当在散装食品的容器、外包装上标明食品的名称、生产日期或者生产批号、保质期以及生产经营者名称、地址、联系方式等内容。

第六十九条　生产经营转基因食品应当按照规定显著标示。

第七十条　食品添加剂应当有标签、说明书和包装。标签、说明书应当载明本法第六十七条第一款第一项至第六项、第八项、第九项规定的事项,以及食品添加剂的使用范围、用量、使用方法,并在标签上载明“食品添加剂”字样。

第七十一条　食品和食品添加剂的标签、说明书,不得含有虚假内容,不得涉及疾病预防、治疗功能。生产经营者对其提供的标签、说明书的内容负责。食品和食品添加剂的标签、说明书应当清楚、明显,生产日期、保质期等事项应当显著标注,容易辨识。食品和食品添加剂与其标签、说明书的内容不符的,不得上市销售。

第七十二条　食品经营者应当按照食品标签标示的警示标志、警示说明或者注意事项的要求销售食品。

第七十三条　食品广告的内容应当真实合法,不得含有虚假内容,不得涉及疾病预防、治疗功能。食品生产经营者对食品广告内容的真实性、合法性负责。县级以上人民政府食品安全监督管理部门和其他有关部门以及食品检验机构、食品行业协会不得以广告或者其他形式向消费者推荐食品。消费者组织不得以收取费用或者其他牟取利益的方式向消费者推荐食品。

第七十四条　国家对保健食品、特殊医学用途配方食品和婴幼儿配方食品等特殊食品实行严格监督管理。

第七十五条　保健食品声称保健功能,应当具有科学依据,不得对人体产生急性、亚急性或者慢性危害。保健食品原料目录和允许保健食品声称的保健功能目录,由国务院食品安全监督管理部门会同国务院卫生行政部门、国家中医药管理部门制定、调整并公布。保健食品原料目录应当包括原料名称、用量及其对应的功效;列入保健食品原料目录的原料只能用于保健食品生产,不得用于其他食品生产。

第七十六条　使用保健食品原料目录以外原料的保健食品和首次进口的保健食品应当经国务院食品安全监督管理部门注册。但是,首次进口的保健食品中属于补充维生素、矿物质等营养物质的,应当报国务院食品安全监督管理部门备案。其他保健食品应当报省、自治区、直辖市人民政府食品安全监督管理部门备案。进口的保健食品应当是出口国(地区)主管部门准许上市销售的产品。

第七十七条　依法应当注册的保健食品,注册时应当提交保健食品的研发报告、产品配方、生产工艺、安全性和保健功能评价、标签、说明书等材料及样品,并提供相关证明文件。国务院食品安全监督管理部门经组织技术审评,对符合安全和功能声称要求的,准予注册;对不符合要求的,不予注册并书面说明理由。对使用保健食品原料目录以外原料的保健食品作出准予注册决定的,应当及时将该原料纳入保健食品原料目录。依法应当备案的保健食品,备案时应当提交产品配方、生产工艺、标签、说明书以及表明产品安全性和保健功能的材料。

第七十八条　保健食品的标签、说明书不得涉及疾病预防、治疗功能,内容应当真实,与注册或者备案的内容相一致,载明适宜人群、不适宜人群、功效成分或者标志性成分及其含量等,并声明"本品不能代替药物"。保健食品的功能和成分应当与标签、说明书相一致。

第七十九条　保健食品广告除应当符合本法第七十三条第一款的规定外,还应当声明"本品不能代替药物";其内容应当经生产企业所在地省、自治区、直辖市人民政府食品安全监督管理部门审查批准,取得保健食品广告批准文件。省、自治区、直辖市人民政府食品安全监督管理部门应当公布并及时更新已经批准的保健食品广告目录以及批准的广告内容。

第八十条 特殊医学用途配方食品应当经国务院食品安全监督管理部门注册。注册时,应当提交产品配方、生产工艺、标签、说明书以及表明产品安全性、营养充足性和特殊医学用途临床效果的材料。特殊医学用途配方食品广告适用《中华人民共和国广告法》和其他法律、行政法规关于药品广告管理的规定。

第八十一条 婴幼儿配方食品生产企业应当实施从原料进厂到成品出厂的全过程质量控制,对出厂的婴幼儿配方食品实施逐批检验,保证食品安全。生产婴幼儿配方食品使用的生鲜乳、辅料等食品原料、食品添加剂等,应当符合法律、行政法规的规定和食品安全国家标准,保证婴幼儿生长发育所需的营养成分。婴幼儿配方食品生产企业应当将食品原料、食品添加剂、产品配方及标签等事项向省、自治区、直辖市人民政府食品安全监督管理部门备案。婴幼儿配方乳粉的产品配方应当经国务院食品安全监督管理部门注册。注册时,应当提交配方研发报告和其他表明配方科学性、安全性的材料。不得以分装方式生产婴幼儿配方乳粉,同一企业不得用同一配方生产不同品牌的婴幼儿配方乳粉。

第八十二条 保健食品、特殊医学用途配方食品、婴幼儿配方乳粉的注册人或者备案人应当对其提交材料的真实性负责。省级以上人民政府食品安全监督管理部门应当及时公布注册或者备案的保健食品、特殊医学用途配方食品、婴幼儿配方乳粉目录,并对注册或者备案中获知的企业商业秘密予以保密。保健食品、特殊医学用途配方食品、婴幼儿配方乳粉生产企业应当按照注册或者备案的产品配方、生产工艺等技术要求组织生产。

第八十三条 生产保健食品,特殊医学用途配方食品、婴幼儿配方食品和其他专供特定人群的主辅食品的企业,应当按照良好生产规范的要求建立与所生产食品相适应的生产质量管理体系,定期对该体系的运行情况进行自查,保证其有效运行,并向所在地县级人民政府食品安全监督管理部门提交自查报告。

第五章 食品检验

第八十四条 食品检验机构按照国家有关认证认可的规定取得资质认定后,方可从事食品检验活动。但是,法律另有规定的除外。食品检验机构的资质认定条件和检验规范,由国务院食品安全监督管理部门规定。符合本法规定的食品检验机构出具的检验报告具有同等效力。县级以上人民政府应当整合食品检验资源,实现资源共享。

第八十五条　食品检验由食品检验机构指定的检验人独立进行。检验人应当依照有关法律、法规的规定,并按照食品安全标准和检验规范对食品进行检验,尊重科学,恪守职业道德,保证出具的检验数据和结论客观、公正,不得出具虚假检验报告。

第八十六条　食品检验实行食品检验机构与检验人负责制。食品检验报告应当加盖食品检验机构公章,并有检验人的签名或者盖章。食品检验机构和检验人对出具的食品检验报告负责。

第八十七条　县级以上人民政府食品安全监督管理部门应当对食品进行定期或者不定期的抽样检验,并依据有关规定公布检验结果,不得免检。进行抽样检验,应当购买抽取的样品,委托符合本法规定的食品检验机构进行检验,并支付相关费用;不得向食品生产经营者收取检验费和其他费用。

第八十八条　对依照本法规定实施的检验结论有异议的,食品生产经营者可以自收到检验结论之日起七个工作日内向实施抽样检验的食品安全监督管理部门或者其上一级食品安全监督管理部门提出复检申请,由受理复检申请的食品安全监督管理部门在公布的复检机构名录中随机确定复检机构进行复检。复检机构出具的复检结论为最终检验结论。复检机构与初检机构不得为同一机构。复检机构名录由国务院认证认可监督管理、食品安全监督管理、卫生行政、农业行政等部门共同公布。采用国家规定的快速检测方法对食用农产品进行抽查检测,被抽查人对检测结果有异议的,可以自收到检测结果时起四小时内申请复检。复检不得采用快速检测方法。

第八十九条　食品生产企业可以自行对所生产的食品进行检验,也可以委托符合本法规定的食品检验机构进行检验。食品行业协会和消费者协会等组织、消费者需要委托食品检验机构对食品进行检验的,应当委托符合本法规定的食品检验机构进行。

第九十条　食品添加剂的检验,适用本法有关食品检验的规定。

第六章　食品进出口

第九十一条　国家出入境检验检疫部门对进出口食品安全实施监督管理。

第九十二条　进口的食品、食品添加剂、食品相关产品应当符合我国食品安全国家标准。进口的食品、食品添加剂应当经出入境检验检疫机构依照进出口商品检验相关法律、行政法规的规定检验合格。进口的食品、食品添加剂应当按照国家出入境检验检疫部门的要求随附合格证明材料。

第九十三条　进口尚无食品安全国家标准的食品,由境外出口商、境外生产企业或者其委托的进口商向国务院卫生行政部门提交所执行的相关国家(地区)标准或者国际标准。国务院卫生行政部门对相关标准进行审查,认为符合食品安全要求的,决定暂予适用,并及时制定相应的食品安全国家标准。进口利用新的食品原料生产的食品或者进口食品添加剂新品种、食品相关产品新品种,依照本法第三十七条的规定办理。出入境检验检疫机构按照国务院卫生行政部门的要求,对前款规定的食品、食品添加剂、食品相关产品进行检验。检验结果应当公开。

第九十四条　境外出口商、境外生产企业应当保证向我国出口的食品、食品添加剂、食品相关产品符合本法以及我国其他有关法律、行政法规的规定和食品安全国家标准的要求,并对标签、说明书的内容负责。进口商应当建立境外出口商、境外生产企业审核制度,重点审核前款规定的内容;审核不合格的,不得进口。发现进口食品不符合我国食品安全国家标准或者有证据证明可能危害人体健康的,进口商应当立即停止进口,并依照本法第六十三条的规定召回。

第九十五条　境外发生的食品安全事件可能对我国境内造成影响,或者在进口食品、食品添加剂、食品相关产品中发现严重食品安全问题的,国家出入境检验检疫部门应当及时采取风险预警或者控制措施,并向国务院食品安全监督管理、卫生行政、农业行政部门通报。接到通报的部门应当及时采取相应措施。县级以上人民政府食品安全监督管理部门对国内市场上销售的进口食品、食品添加剂实施监督管理。发现存在严重食品安全问题的,国务院食品安全监督管理部门应当及时向国家出入境检验检疫部门通报。国家出入境检验检疫部门应当及时采取相应措施。

第九十六条　向我国境内出口食品的境外出口商或者代理商、进口食品的进口商应当向国家出入境检验检疫部门备案。向我国境内出口食品的境外食品生产企业应当经国家出入境检验检疫部门注册。已经注册的境外食品生产企业提供虚假材料,或者因其自身的原因致使进口食品发生重大食品安全事故的,国家出入境检验检疫部门应当撤销注册并公告。国家出入境检验检疫部门应当定期公布已经备案的境外出口商、代理商、进口商和已经注册的境外食品生产企业名单。

第九十七条　进口的预包装食品、食品添加剂应当有中文标签;依法应当有说明书的,还应当有中文说明书。标签、说明书应当符合本法以及我国其他有关法律、行政法规的规定和食品安全国家标准的要求,并载明食品的原产地以及境内代理商的名称、地址、联系方式。预包装食品没有中文标签、中文说明书或者标签、说明书不符合本条规定的,不得进口。

第九十八条　进口商应当建立食品、食品添加剂进口和销售记录制度,如实记录食品、食品添加剂的名称、规格、数量、生产日期、生产或者进口批号、保质期、境外出口商和购货者名称、地址及联系方式、交货日期等内容,并保存相关凭证。记录和凭证保存期限应当符合本法第五十条第二款的规定。

第九十九条　出口食品生产企业应当保证其出口食品符合进口国(地区)的标准或者合同要求。出口食品生产企业和出口食品原料种植、养殖场应当向国家出入境检验检疫部门备案。

第一百条　国家出入境检验检疫部门应当收集、汇总下列进出口食品安全信息,并及时通报相关部门、机构和企业:

(一)出入境检验检疫机构对进出口食品实施检验检疫发现的食品安全信息;

(二)食品行业协会和消费者协会等组织、消费者反映的进口食品安全信息;

(三)国际组织、境外政府机构发布的风险预警信息及其他食品安全信息,以及境外食品行业协会等组织、消费者反映的食品安全信息;

(四)其他食品安全信息。国家出入境检验检疫部门应当对进出口食品的进口商、出口商和出口食品生产企业实施信用管理,建立信用记录,并依法向社会公布。对有不良记录的进口商、出口商和出口食品生产企业,应当加强对其进出口食品的检验检疫。

第一百零一条　国家出入境检验检疫部门可以对向我国境内出口食品的国家(地区)的食品安全管理体系和食品安全状况进行评估和审查,并根据评估和审查结果,确定相应检验检疫要求。

第七章　食品安全事故处置

第一百零二条　国务院组织制定国家食品安全事故应急预案。县级以上地方人民政府应当根据有关法律、法规的规定和上级人民政府的食品安全事故应急预案以及本行政区域的实际情况,制定本行政区域的食品安全事故应急预案,并报上一级人民政府备案。食品安全事故应急预案应当对食品安全事故分级、事故处置组织指挥体系与职责、预防预警机制、处置程序、应急保障措施等作出规定。食品生产经营企业应当制定食品安全事故处置方案,定期检查本企业各项食品安全防范措施的落实情况,及时消除事故隐患。

第一百零三条　发生食品安全事故的单位应当立即采取措施,防止事故扩大。事故单位和接收病人进行治疗的单位应当及时向事故发生地县级人民政府食品安全监督管理、卫生行政部门报告。县级以上人民政府农业行政等部门在日常监督管理中发现食品安全事故或者接到事故举报,应当立即向同级食品安全监督管理部门通报。发生食品安全事故,接到报告的县级人民政府食品安全监督管理部门应当按照应急预案的规定向本级人民政府和上级人民政府食品安全监督管理部门报告。县级人民政府和上级人民政府食品安全监督管理部门应当按照应急预案的规定上报。任何单位和个人不得对食品安全事故隐瞒、谎报、缓报,不得隐匿、伪造、毁灭有关证据。

第一百零四条　医疗机构发现其接收的病人属于食源性疾病病人或者疑似病人的,应当按照规定及时将相关信息向所在地县级人民政府卫生行政部门报告。县级人民政府卫生行政部门认为与食品安全有关的,应当及时通报同级食品安全监督管理部门。县级以上人民政府卫生行政部门在调查处理传染病或者其他突发公共卫生事件中发现与食品安全相关的信息,应当及时通报同级食品安全监督管理部门。

第一百零五条　县级以上人民政府食品安全监督管理部门接到食品安全事故的报告后,应当立即会同同级卫生行政、农业行政等部门进行调查处理,并采取下列措施,防止或者减轻社会危害:

（一）开展应急救援工作,组织救治因食品安全事故导致人身伤害的人员;

（二）封存可能导致食品安全事故的食品及其原料,并立即进行检验;对确认属于被污染的食品及其原料,责令食品生产经营者依照本法第六十三条的规定召回或者停止经营;

（三）封存被污染的食品相关产品,并责令进行清洗消毒;

（四）做好信息发布工作,依法对食品安全事故及其处理情况进行发布,并对可能产生的危害加以解释、说明。

发生食品安全事故需要启动应急预案的,县级以上人民政府应当立即成立事故处置指挥机构,启动应急预案,依照前款和应急预案的规定进行处置。发生食品安全事故,县级以上疾病预防控制机构应当对事故现场进行卫生处理,并对与事故有关的因素开展流行病学调查,有关部门应当予以协助。县级以上疾病预防控制机构应当向同级食品安全监督管理、卫生行政部门提交流行病学调查报告。

第一百零六条 发生食品安全事故,设区的市级以上人民政府食品安全监督管理部门应当立即会同有关部门进行事故责任调查,督促有关部门履行职责,向本级人民政府和上一级人民政府食品安全监督管理部门提出事故责任调查处理报告。涉及两个以上省、自治区、直辖市的重大食品安全事故由国务院食品安全监督管理部门依照前款规定组织事故责任调查。

第一百零七条 调查食品安全事故,应当坚持实事求是、尊重科学的原则,及时、准确查清事故性质和原因,认定事故责任,提出整改措施。调查食品安全事故,除了查明事故单位的责任,还应当查明有关监督管理部门、食品检验机构、认证机构及其工作人员的责任。

第一百零八条 食品安全事故调查部门有权向有关单位和个人了解与事故有关的情况,并要求提供相关资料和样品。有关单位和个人应当予以配合,按照要求提供相关资料和样品,不得拒绝。任何单位和个人不得阻挠、干涉食品安全事故的调查处理。

第八章 监督管理

第一百零九条 县级以上人民政府食品安全监督管理部门根据食品安全风险监测、风险评估结果和食品安全状况等,确定监督管理的重点、方式和频次,实施风险分级管理。县级以上地方人民政府组织本级食品安全监督管理、农业行政等部门制定本行政区域的食品安全年度监督管理计划,向社会公布并组织实施。食品安全年度监督管理计划应当将下列事项作为监督管理的重点:

(一)专供婴幼儿和其他特定人群的主辅食品;

(二)保健食品生产过程中的添加行为和按照注册或者备案的技术要求组织生产的情况,保健食品标签、说明书以及宣传材料中有关功能宣传的情况;

(三)发生食品安全事故风险较高的食品生产经营者;

(四)食品安全风险监测结果表明可能存在食品安全隐患的事项。

第一百一十条 县级以上人民政府食品安全监督管理部门履行食品安全监督管理职责,有权采取下列措施,对生产经营者遵守本法的情况进行监督检查:

(一)进入生产经营场所实施现场检查;

（二）对生产经营的食品、食品添加剂、食品相关产品进行抽样检验；

（三）查阅、复制有关合同、票据、账簿以及其他有关资料；

（四）查封、扣押有证据证明不符合食品安全标准或者有证据证明存在安全隐患以及用于违法生产经营的食品、食品添加剂、食品相关产品；

（五）查封违法从事生产经营活动的场所。

第一百一十一条　对食品安全风险评估结果证明食品存在安全隐患，需要制定、修订食品安全标准的，在制定、修订食品安全标准前，国务院卫生行政部门应当及时会同国务院有关部门规定食品中有害物质的临时限量值和临时检验方法，作为生产经营和监督管理的依据。

第一百一十二条　县级以上人民政府食品安全监督管理部门在食品安全监督管理工作中可以采用国家规定的快速检测方法对食品进行抽查检测。对抽查检测结果表明可能不符合食品安全标准的食品，应当依照本法第八十七条的规定进行检验。抽查检测结果确定有关食品不符合食品安全标准的，可以作为行政处罚的依据。

第一百一十三条　县级以上人民政府食品安全监督管理部门应当建立食品生产经营者食品安全信用档案，记录许可颁发、日常监督检查结果、违法行为查处等情况，依法向社会公布并实时更新；对有不良信用记录的食品生产经营者增加监督检查频次，对违法行为情节严重的食品生产经营者，可以通报投资主管部门、证券监督管理机构和有关的金融机构。

第一百一十四条　食品生产经营过程中存在食品安全隐患，未及时采取措施消除的，县级以上人民政府食品安全监督管理部门可以对食品生产经营者的法定代表人或者主要负责人进行责任约谈。食品生产经营者应当立即采取措施，进行整改，消除隐患。责任约谈情况和整改情况应当纳入食品生产经营者食品安全信用档案。

第一百一十五条　县级以上人民政府食品安全监督管理等部门应当公布本部门的电子邮件地址或者电话，接受咨询、投诉、举报。接到咨询、投诉、举报，对属于本部门职责的，应当受理并在法定期限内及时答复、核实、处理；对不属于本部门职责的，应当移交有权处理的部门并书面通知咨询、投诉、举报人。有权处理的部门应当在法定期限内及时处理，不得推诿。对查证属实的举报，给予举报人奖励。有关部门应当对举报人的信息予以保密，保护举报人的合法权益。举报人举报所在企业的，该企业不得以解除、变更劳动合同或者其他方式对举报人进行打击报复。

第一百一十六条　县级以上人民政府食品安全监督管理等部门应当加强

对执法人员食品安全法律、法规、标准和专业知识与执法能力等的培训，并组织考核。不具备相应知识和能力的，不得从事食品安全执法工作。食品生产经营者、食品行业协会、消费者协会等发现食品安全执法人员在执法过程中有违反法律、法规规定的行为以及不规范执法行为的，可以向本级或者上级人民政府食品安全监督管理等部门或者监察机关投诉、举报。接到投诉、举报的部门或者机关应当进行核实，并将经核实的情况向食品安全执法人员所在部门通报；涉嫌违法违纪的，按照本法和有关规定处理。

第一百一十七条　县级以上人民政府食品安全监督管理等部门未及时发现食品安全系统性风险，未及时消除监督管理区域内的食品安全隐患的，本级人民政府可以对其主要负责人进行责任约谈。地方人民政府未履行食品安全职责，未及时消除区域性重大食品安全隐患的，上级人民政府可以对其主要负责人进行责任约谈。被约谈的食品安全监督管理等部门、地方人民政府应当立即采取措施，对食品安全监督管理工作进行整改。责任约谈情况和整改情况应当纳入地方人民政府和有关部门食品安全监督管理工作评议、考核记录。

第一百一十八条　国家建立统一的食品安全信息平台，实行食品安全信息统一公布制度。国家食品安全总体情况、食品安全风险警示信息、重大食品安全事故及其调查处理信息和国务院确定需要统一公布的其他信息由国务院食品安全监督管理部门统一公布。食品安全风险警示信息和重大食品安全事故及其调查处理信息的影响限于特定区域的，也可以由有关省、自治区、直辖市人民政府食品安全监督管理部门公布。未经授权不得发布上述信息。县级以上人民政府食品安全监督管理、农业行政部门依据各自职责公布食品安全日常监督管理信息。公布食品安全信息，应当做到准确、及时，并进行必要的解释说明，避免误导消费者和社会舆论。

第一百一十九条　县级以上地方人民政府食品安全监督管理、卫生行政、农业行政部门获知本法规定需要统一公布的信息，应当向上级主管部门报告，由上级主管部门立即报告国务院食品安全监督管理部门；必要时，可以直接向国务院食品安全监督管理部门报告。县级以上人民政府食品安全监督管理、卫生行政、农业行政部门应当相互通报获知的食品安全信息。

第一百二十条　任何单位和个人不得编造、散布虚假食品安全信息。县级以上人民政府食品安全监督管理部门发现可能误导消费者和社会舆论的食品安全信息，应当立即组织有关部门、专业机构、相关食品生产经营者等进行核实、分析，并及时公布结果。

第一百二十一条　县级以上人民政府食品安全监督管理等部门发现涉嫌

食品安全犯罪的,应当按照有关规定及时将案件移送公安机关。对移送的案件,公安机关应当及时审查;认为有犯罪事实需要追究刑事责任的,应当立案侦查。公安机关在食品安全犯罪案件侦查过程中认为没有犯罪事实,或者犯罪事实显著轻微,不需要追究刑事责任,但依法应当追究行政责任的,应当及时将案件移送食品安全监督管理等部门和监察机关,有关部门应当依法处理。公安机关商请食品安全监督管理、生态环境等部门提供检验结论、认定意见以及对涉案物品进行无害化处理等协助的,有关部门应当及时提供,予以协助。

第九章　法律责任

第一百二十二条　违反本法规定,未取得食品生产经营许可从事食品生产经营活动,或者未取得食品添加剂生产许可从事食品添加剂生产活动的,由县级以上人民政府食品安全监督管理部门没收违法所得和违法生产经营的食品、食品添加剂以及用于违法生产经营的工具、设备、原料等物品;违法生产经营的食品、食品添加剂货值金额不足一万元的,并处五万元以上十万元以下罚款;货值金额一万元以上的,并处货值金额十倍以上二十倍以下罚款。明知从事前款规定的违法行为,仍为其提供生产经营场所或者其他条件的,由县级以上人民政府食品安全监督管理部门责令停止违法行为,没收违法所得,并处五万元以上十万元以下罚款;使消费者的合法权益受到损害的,应当与食品、食品添加剂生产经营者承担连带责任。

第一百二十三条　违反本法规定,有下列情形之一,尚不构成犯罪的,由县级以上人民政府食品安全监督管理部门没收违法所得和违法生产经营的食品,并可以没收用于违法生产经营的工具、设备、原料等物品;违法生产经营的食品货值金额不足一万元的,并处十万元以上十五万元以下罚款;货值金额一万元以上的,并处货值金额十五倍以上三十倍以下罚款;情节严重的,吊销许可证,并可以由公安机关对其直接负责的主管人员和其他直接责任人员处五日以上十五日以下拘留:

(一)用非食品原料生产食品、在食品中添加食品添加剂以外的化学物质和其他可能危害人体健康的物质,或者用回收食品作为原料生产食品,或者经营上述食品;

(二)生产经营营养成分不符合食品安全标准的专供婴幼儿和其他特定人群的主辅食品;

(三)经营病死、毒死或者死因不明的禽、畜、兽、水产动物肉类,或者生产经营其制品;

（四）经营未按规定进行检疫或者检疫不合格的肉类，或者生产经营未经检验或者检验不合格的肉类制品；

（五）生产经营国家为防病等特殊需要明令禁止生产经营的食品；

（六）生产经营添加药品的食品。明知从事前款规定的违法行为，仍为其提供生产经营场所或者其他条件的，由县级以上人民政府食品安全监督管理部门责令停止违法行为，没收违法所得，并处十万元以上二十万元以下罚款；使消费者的合法权益受到损害的，应当与食品生产经营者承担连带责任。违法使用剧毒、高毒农药的，除依照有关法律、法规规定给予处罚外，可以由公安机关依照第一款规定给予拘留。

第一百二十四条　违反本法规定，有下列情形之一，尚不构成犯罪的，由县级以上人民政府食品安全监督管理部门没收违法所得和违法生产经营的食品、食品添加剂，并可以没收用于违法生产经营的工具、设备、原料等物品；违法生产经营的食品、食品添加剂货值金额不足一万元的，并处五万元以上十万元以下罚款；货值金额一万元以上的，并处货值金额十倍以上二十倍以下罚款；情节严重的，吊销许可证：

（一）生产经营致病性微生物，农药残留、兽药残留、生物毒素、重金属等污染物质以及其他危害人体健康的物质含量超过食品安全标准限量的食品、食品添加剂；

（二）用超过保质期的食品原料、食品添加剂生产食品、食品添加剂，或者经营上述食品、食品添加剂；

（三）生产经营超范围、超限量使用食品添加剂的食品；

（四）生产经营腐败变质、油脂酸败、霉变生虫、污秽不洁、混有异物、掺假掺杂或者感官性状异常的食品、食品添加剂；

（五）生产经营标注虚假生产日期、保质期或者超过保质期的食品、食品添加剂；

（六）生产经营未按规定注册的保健食品、特殊医学用途配方食品、婴幼儿配方乳粉，或者未按注册的产品配方、生产工艺等技术要求组织生产；

（七）以分装方式生产婴幼儿配方乳粉，或者同一企业以同一配方生产不同品牌的婴幼儿配方乳粉；

（八）利用新的食品原料生产食品，或者生产食品添加剂新品种，未通过安全性评估；

（九）食品生产经营者在食品安全监督管理部门责令其召回或者停止经营后，仍拒不召回或者停止经营。除前款和本法第一百二十三条、第一百二十五条规定的情形外,生产经营不符合法律、法规或者食品安全标准的食品、食品添加剂的,依照前款规定给予处罚。生产食品相关产品新品种,未通过安全性评估,或者生产不符合食品安全标准的食品相关产品的,由县级以上人民政府食品安全监督管理部门依照第一款规定给予处罚。

第一百二十五条　违反本法规定,有下列情形之一的,由县级以上人民政府食品安全监督管理部门没收违法所得和违法生产经营的食品、食品添加剂,并可以没收用于违法生产经营的工具、设备、原料等物品;违法生产经营的食品、食品添加剂货值金额不足一万元的,并处五千元以上五万元以下罚款;货值金额一万元以上的,并处货值金额五倍以上十倍以下罚款;情节严重的,责令停产停业,直至吊销许可证:

(一)生产经营被包装材料、容器、运输工具等污染的食品、食品添加剂;

(二)生产经营无标签的预包装食品、食品添加剂或者标签、说明书不符合本法规定的食品、食品添加剂;

(三)生产经营转基因食品未按规定进行标示;

(四)食品生产经营者采购或者使用不符合食品安全标准的食品原料、食品添加剂、食品相关产品。生产经营的食品、食品添加剂的标签、说明书存在瑕疵但不影响食品安全且不会对消费者造成误导的,由县级以上人民政府食品安全监督管理部门责令改正;拒不改正的,处二千元以下罚款。

第一百二十六条　违反本法规定,有下列情形之一的,由县级以上人民政府食品安全监督管理部门责令改正,给予警告;拒不改正的,处五千元以上五万元以下罚款;情节严重的,责令停产停业,直至吊销许可证:

(一)食品、食品添加剂生产者未按规定对采购的食品原料和生产的食品、食品添加剂进行检验;

(二)食品生产经营企业未按规定建立食品安全管理制度,或者未按规定配备或者培训、考核食品安全管理人员;

(三)食品、食品添加剂生产经营者进货时未查验许可证和相关证明文件,或者未按规定建立并遵守进货查验记录、出厂检验记录和销售记录制度;

(四)食品生产经营企业未制定食品安全事故处置方案;

(五)餐具、饮具和盛放直接入口食品的容器,使用前未经洗净、消毒或者清洗消毒不合格,或者餐饮服务设施、设备未按规定定期维护、清洗、校验;

(六)食品生产经营者安排未取得健康证明或者患有国务院卫生行政部门规定的有碍食品安全疾病的人员从事接触直接入口食品的工作;

(七)食品经营者未按规定要求销售食品;

（八）保健食品生产企业未按规定向食品安全监督管理部门备案，或者未按备案的产品配方、生产工艺等技术要求组织生产；

（九）婴幼儿配方食品生产企业未将食品原料、食品添加剂、产品配方、标签等向食品安全监督管理部门备案；

（十）特殊食品生产企业未按规定建立生产质量管理体系并有效运行，或者未定期提交自查报告；

（十一）食品生产经营者未定期对食品安全状况进行检查评价，或者生产经营条件发生变化，未按规定处理；

（十二）学校、托幼机构、养老机构、建筑工地等集中用餐单位未按规定履行食品安全管理责任；

（十三）食品生产企业、餐饮服务提供者未按规定制定、实施生产经营过程控制要求。餐具、饮具集中消毒服务单位违反本法规定用水，使用洗涤剂、消毒剂，或者出厂的餐具、饮具未按规定检验合格并随附消毒合格证明，或者未按规定在独立包装上标注相关内容的，由县级以上人民政府卫生行政部门依照前款规定给予处罚。食品相关产品生产者未按规定对生产的食品相关产品进行检验的，由县级以上人民政府食品安全监督管理部门依照第一款规定给予处罚。食用农产品销售者违反本法第六十五条规定的，由县级以上人民政府食品安全监督管理部门依照第一款规定给予处罚。

第一百二十七条　对食品生产加工小作坊、食品摊贩等的违法行为的处罚，依照省、自治区、直辖市制定的具体管理办法执行。

第一百二十八条　违反本法规定，事故单位在发生食品安全事故后未进行处置、报告的，由有关主管部门按照各自职责分工责令改正，给予警告；隐匿、伪造、毁灭有关证据的，责令停产停业，没收违法所得，并处十万元以上五十万元以下罚款；造成严重后果的，吊销许可证。

第一百二十九条　违反本法规定，有下列情形之一的，由出入境检验检疫机构依照本法第一百二十四条的规定给予处罚：

（一）提供虚假材料，进口不符合我国食品安全国家标准的食品、食品添加剂、食品相关产品；

（二）进口尚无食品安全国家标准的食品，未提交所执行的标准并经国务院卫生行政部门审查，或者进口利用新的食品原料生产的食品或者进口食品添加剂新品种、食品相关产品新品种，未通过安全性评估；

（三）未遵守本法的规定出口食品；

（四）进口商在有关主管部门责令其依照本法规定召回进口的食品后，仍拒不召回。违反本法规定,进口商未建立并遵守食品、食品添加剂进口和销售记录制度、境外出口商或者生产企业审核制度的,由出入境检验检疫机构依照本法第一百二十六条的规定给予处罚。

第一百三十条　违反本法规定,集中交易市场的开办者、柜台出租者、展销会的举办者允许未依法取得许可的食品经营者进入市场销售食品,或者未履行检查、报告等义务的,由县级以上人民政府食品安全监督管理部门责令改正,没收违法所得,并处五万元以上二十万元以下罚款;造成严重后果的,责令停业,直至由原发证部门吊销许可证;使消费者的合法权益受到损害的,应当与食品经营者承担连带责任。食用农产品批发市场违反本法第六十四条规定的,依照前款规定承担责任。

第一百三十一条　违反本法规定,网络食品交易第三方平台提供者未对入网食品经营者进行实名登记、审查许可证,或者未履行报告、停止提供网络交易平台服务等义务的,由县级以上人民政府食品安全监督管理部门责令改正,没收违法所得,并处五万元以上二十万元以下罚款;造成严重后果的,责令停业,直至由原发证部门吊销许可证;使消费者的合法权益受到损害的,应当与食品经营者承担连带责任。消费者通过网络食品交易第三方平台购买食品,其合法权益受到损害的,可以向入网食品经营者或者食品生产者要求赔偿。网络食品交易第三方平台提供者不能提供入网食品经营者的真实名称、地址和有效联系方式的,由网络食品交易第三方平台提供者赔偿。网络食品交易第三方平台提供者赔偿后,有权向入网食品经营者或者食品生产者追偿。网络食品交易第三方平台提供者作出更有利于消费者承诺的,应当履行其承诺。

第一百三十二条　违反本法规定,未按要求进行食品贮存、运输和装卸的,由县级以上人民政府食品安全监督管理等部门按照各自职责分工责令改正,给予警告;拒不改正的,责令停产停业,并处一万元以上五万元以下罚款;情节严重的,吊销许可证。

第一百三十三条　违反本法规定,拒绝、阻挠、干涉有关部门、机构及其工作人员依法开展食品安全监督检查、事故调查处理、风险监测和风险评估的,由有关主管部门按照各自职责分工责令停产停业,并处二千元以上五万元以下罚款;情节严重的,吊销许可证;构成违反治安管理行为的,由公安机关依法给予治安管理处罚。违反本法规定,对举报人以解除、变更劳动合同或者其他方式打击报复的,应当依照有关法律的规定承担责任。

第一百三十四条　食品生产经营者在一年内累计三次因违反本法规定受

到责令停产停业、吊销许可证以外处罚的,由食品安全监督管理部门责令停产停业,直至吊销许可证。

第一百三十五条　被吊销许可证的食品生产经营者及其法定代表人、直接负责的主管人员和其他直接责任人员自处罚决定作出之日起五年内不得申请食品生产经营许可,或者从事食品生产经营管理工作、担任食品生产经营企业食品安全管理人员。因食品安全犯罪被判处有期徒刑以上刑罚的,终身不得从事食品生产经营管理工作,也不得担任食品生产经营企业食品安全管理人员。食品生产经营者聘用人员违反前两款规定的,由县级以上人民政府食品安全监督管理部门吊销许可证。

第一百三十六条　食品经营者履行了本法规定的进货查验等义务,有充分证据证明其不知道所采购的食品不符合食品安全标准,并能如实说明其进货来源的,可以免予处罚,但应当依法没收其不符合食品安全标准的食品;造成人身、财产或者其他损害的,依法承担赔偿责任。

第一百三十七条　违反本法规定,承担食品安全风险监测、风险评估工作的技术机构、技术人员提供虚假监测、评估信息的,依法对技术机构直接负责的主管人员和技术人员给予撤职、开除处分;有执业资格的,由授予其资格的主管部门吊销执业证书。

第一百三十八条　违反本法规定,食品检验机构、食品检验人员出具虚假检验报告的,由授予其资质的主管部门或者机构撤销该食品检验机构的检验资质,没收所收取的检验费用,并处检验费用五倍以上十倍以下罚款,检验费用不足一万元的,并处五万元以上十万元以下罚款;依法对食品检验机构直接负责的主管人员和食品检验人员给予撤职或者开除处分;导致发生重大食品安全事故的,对直接负责的主管人员和食品检验人员给予开除处分。违反本法规定,受到开除处分的食品检验机构人员,自处分决定作出之日起十年内不得从事食品检验工作;因食品安全违法行为受到刑事处罚或者因出具虚假检验报告导致发生重大食品安全事故受到开除处分的食品检验机构人员,终身不得从事食品检验工作。食品检验机构聘用不得从事食品检验工作的人员的,由授予其资质的主管部门或者机构撤销该食品检验机构的检验资质。食品检验机构出具虚假检验报告,使消费者的合法权益受到损害的,应当与食品生产经营者承担连带责任。

第一百三十九条　违反本法规定,认证机构出具虚假认证结论,由认证认可监督管理部门没收所收取的认证费用,并处认证费用五倍以上十倍以下罚款,认证费用不足一万元的,并处五万元以上十万元以下罚款;情节严重的,责令停业,直至撤销认证机构批准文件,并向社会公布;对直接负责的主管人员和负有直接责任的认证人员,撤销其执业资格。认证机构出具虚假认证结论,使消费者的合法权益受到损害的,应当与食品生产经营者承担连带责任。

第一百四十条　违反本法规定,在广告中对食品作虚假宣传,欺骗消费者,或者发布未取得批准文件、广告内容与批准文件不一致的保健食品广告的,依照《中华人民共和国广告法》的规定给予处罚。广告经营者、发布者设计、制作、发布虚假食品广告,使消费者的合法权益受到损害的,应当与食品生产经营者承担连带责任。社会团体或者其他组织、个人在虚假广告或者其他虚假宣传中向消费者推荐食品,使消费者的合法权益受到损害的,应当与食品生产经营者承担连带责任。违反本法规定,食品安全监督管理等部门、食品检验机构、食品行业协会以广告或者其他形式向消费者推荐食品,消费者组织以收取费用或者其他牟取利益的方式向消费者推荐食品的,由有关主管部门没收违法所得,依法对直接负责的主管人员和其他直接责任人员给予记大过、降级或者撤职处分;情节严重的,给予开除处分。对食品作虚假宣传且情节严重的,由省级以上人民政府食品安全监督管理部门决定暂停销售该食品,并向社会公布;仍然销售该食品的,由县级以上人民政府食品安全监督管理部门没收违法所得和违法销售的食品,并处二万元以上五万元以下罚款。

第一百四十一条　违反本法规定,编造、散布虚假食品安全信息,构成违反治安管理行为的,由公安机关依法给予治安管理处罚。媒体编造、散布虚假食品安全信息的,由有关主管部门依法给予处罚,并对直接负责的主管人员和其他直接责任人员给予处分;使公民、法人或者其他组织的合法权益受到损害的,依法承担消除影响、恢复名誉、赔偿损失、赔礼道歉等民事责任。

第一百四十二条　违反本法规定,县级以上地方人民政府有下列行为之一的,对直接负责的主管人员和其他直接责任人员给予记大过处分;情节较重的,给予降级或者撤职处分;情节严重的,给予开除处分;造成严重后果的,其主要负责人还应当引咎辞职:

(一)对发生在本行政区域内的食品安全事故,未及时组织协调有关部门开展有效处置,造成不良影响或者损失;

(二)对本行政区域内涉及多环节的区域性食品安全问题,未及时组织整治,造成不良影响或者损失;

(三)隐瞒、谎报、缓报食品安全事故;

(四)本行政区域内发生特别重大食品安全事故,或者连续发生重大食品安全事故。

第一百四十三条 违反本法规定,县级以上地方人民政府有下列行为之一的,对直接负责的主管人员和其他直接责任人员给予警告、记过或者记大过处分;造成严重后果的,给予降级或者撤职处分:

(一)未确定有关部门的食品安全监督管理职责,未建立健全食品安全全程监督管理工作机制和信息共享机制,未落实食品安全监督管理责任制;

(二)未制定本行政区域的食品安全事故应急预案,或者发生食品安全事故后未按规定立即成立事故处置指挥机构、启动应急预案。

第一百四十四条 违反本法规定,县级以上人民政府食品安全监督管理、卫生行政、农业行政等部门有下列行为之一的,对直接负责的主管人员和其他直接责任人员给予记大过处分;情节较重的,给予降级或者撤职处分;情节严重的,给予开除处分;造成严重后果的,其主要负责人还应当引咎辞职:

(一)隐瞒、谎报、缓报食品安全事故;

(二)未按规定查处食品安全事故,或者接到食品安全事故报告未及时处理,造成事故扩大或者蔓延;

(三)经食品安全风险评估得出食品、食品添加剂、食品相关产品不安全结论后,未及时采取相应措施,造成食品安全事故或者不良社会影响;

(四)对不符合条件的申请人准予许可,或者超越法定职权准予许可;

(五)不履行食品安全监督管理职责,导致发生食品安全事故。

第一百四十五条 违反本法规定,县级以上人民政府食品安全监督管理、卫生行政、农业行政等部门有下列行为之一,造成不良后果的,对直接负责的主管人员和其他直接责任人员给予警告、记过或者记大过处分;情节较重的,给予降级或者撤职处分;情节严重的,给予开除处分:

(一)在获知有关食品安全信息后,未按规定向上级主管部门和本级人民政府报告,或者未按规定相互通报;

(二)未按规定公布食品安全信息;

(三)不履行法定职责,对查处食品安全违法行为不配合,或者滥用职权、玩忽职守、徇私舞弊。

第一百四十六条 食品安全监督管理等部门在履行食品安全监督管理职责过程中,违法实施检查、强制等执法措施,给生产经营者造成损失的,应当依法予以赔偿,对直接负责的主管人员和其他直接责任人员依法给予处分。

第一百四十七条 违反本法规定,造成人身、财产或者其他损害的,依法承担赔偿责任。生产经营者财产不足以同时承担民事赔偿责任和缴纳罚款、罚金时,先承担民事赔偿责任。

第一百四十八条　消费者因不符合食品安全标准的食品受到损害的,可以向经营者要求赔偿损失,也可以向生产者要求赔偿损失。接到消费者赔偿要求的生产经营者,应当实行首负责任制,先行赔付,不得推诿;属于生产者责任的,经营者赔偿后有权向生产者追偿;属于经营者责任的,生产者赔偿后有权向经营者追偿。生产不符合食品安全标准的食品或者经营明知是不符合食品安全标准的食品,消费者除要求赔偿损失外,还可以向生产者或者经营者要求支付价款十倍或者损失三倍的赔偿金;增加赔偿的金额不足一千元的,为一千元。但是,食品的标签、说明书存在不影响食品安全且不会对消费者造成误导的瑕疵的除外。

第一百四十九条　违反本法规定,构成犯罪的,依法追究刑事责任。

第十章　附则

第一百五十条　本法下列用语的含义:食品,指各种供人食用或者饮用的成品和原料以及按照传统既是食品又是中药材的物品,但是不包括以治疗为目的的物品。食品安全,指食品无毒、无害,符合应当有的营养要求,对人体健康不造成任何急性、亚急性或者慢性危害。预包装食品,指预先定量包装或者制作在包装材料、容器中的食品。食品添加剂,指为改善食品品质和色、香、味以及为防腐、保鲜和加工工艺的需要而加入食品中的人工合成或者天然物质,包括营养强化剂。用于食品的包装材料和容器,指包装、盛放食品或者食品添加剂用的纸、竹、木、金属、搪瓷、陶瓷、塑料、橡胶、天然纤维、化学纤维、玻璃等制品和直接接触食品或者食品添加剂的涂料。用于食品生产经营的工具、设备,指在食品或者食品添加剂生产、销售、使用过程中直接接触食品或者食品添加剂的机械、管道、传送带、容器、用具、餐具等。用于食品的洗涤剂、消毒剂,指直接用于洗涤或者消毒食品、餐具、饮具以及直接接触食品的工具、设备或者食品包装材料和容器的物质。食品保质期,指食品在标明的贮存条件下保持品质的期限。食源性疾病,指食品中致病因素进入人体引起的感染性、中毒性等疾病,包括食物中毒。食品安全事故,指食源性疾病、食品污染等源于食品,对人体健康有危害或者可能有危害的事故。

第一百五十一条　转基因食品和食盐的食品安全管理,本法未作规定的,适用其他法律、行政法规的规定。

第一百五十二条　铁路、民航运营中食品安全的管理办法由国务院食品安全监督管理部门会同国务院有关部门依照本法制定。保健食品的具体管理办法由国务院食品安全监督管理部门依照本法制定。食品相关产品生产活动的具体管理办法由国务院食品安全监督管理部门依照本法制定。国境口岸食品的监督管理由出入境检验检疫机构依照本法以及有关法律、行政法规的规定实施。军队专用食品和自供食品的食品安全管理办法由中央军事委员会依照本法制定。

第一百五十三条　国务院根据实际需要,可以对食品安全监督管理体制作出调整。

第一百五十四条　本法自 2015 年 10 月 1 日起施行。

中华人民共和国森林法

(1984 年 9 月 20 日第六届全国人民代表大会常务委员会第七次会议通过,自 1985 年 1 月 1 日起施行。根据 1998 年 4 月 29 日第九届全国人民代表大会常务委员会第二次会议《关于修改〈中华人民共和国森林法〉的决定》修正)

第一章　总则

第一条　为了保护、培育和合理利用森林资源,加快国土绿化,发挥森林蓄水保土、调节气候、改善环境和提供林产品的作用,适应社会主义建设和人民生活的需要,特制定本法。

第二条　在中华人民共和国领域内从事森林、林木的培育种植、采伐利用和森林、林木、林地的经营管理活动,都必须遵守本法。

第三条　森林资源属于国家所有,由法律规定属于集体所有的除外。国家所有的和集体所有的森林、林木和林地,个人所有的林木和使用的林地,由县级以上地方人民政府登记造册,发放证书,确认所有权或者使用权。国务院可以授权国务院林业主管部门对国务院确定的国家所有的重点林区的森林、林木和林地登记造册,发放证书,并通知有关地方人民政府。

森林、林木、林地的所有者和使用者的合法权益,受法律保护,任何单位和个人不得侵犯。

第四条　森林分为以下五类:

(一)防护林:以防护为主要目的的森林、林木和灌木丛,包括水源涵养林,水土保护林,防风固沙林,农田、牧场防护林、护岸林,护路林;

(二)用材林:以生产木材为主要目的的森林和林木,包括以生产竹材为主要目的竹林;

（三）经济林：以生产果品，食用油料、饮料、调料，工业原料和药材等为主要目的的林木；

（四）薪炭林：以生产燃料为主要目的的林木；

（五）特种用途林：以国防、环境保护、科学实验等为主要目的的森林和林木，包括国防林、实验林、母树林、环境保护林、风景林，名胜古迹和革命纪念地的林木，自然保护区的森林。

第五条　林业建设实行以营林为基础，普遍护林，大力造林，采育结合，永续利用的方针。

第六条　国家鼓励林业科学研究，推广林业先进技术，提高林业科学技术水平。

第七条　国家保护林农的合法权益，依法减轻林农的负担，禁止向林农违法收费、罚款，禁止向林农进行摊派和强制集资。

国家保护承包造林的集体和个人的合法权益，任何单位和个人不得侵犯承包造林的集体和个人依法享有的林木所有权和其他合法权益。

第八条　国家对森林资源实行以下保护性措施：

（一）对森林实行限额采伐，鼓励植树造林、封山育林，扩大森林覆盖面积；

（二）根据国家和地方人民政府有关规定，对集体和个人造林、育林给予经济扶持或者长期贷款；

（三）提倡木材综合利用和节约使用木材，鼓励开发、利用木材代用品；

（四）征收育林费，专门用于造林育林；

（五）煤炭、造纸等部门，按照煤炭和木浆纸张等产品的产量提取一定数额的资金，专门用于营造坑木、造纸等用材林；

（六）建立林业基金制度。

国家设立森林生态效益补偿基金，用于提供生态效益的防护林和特种用途林的森林资源、林木的营造、抚育、保护和管理。森林生态效益补偿基金必须专款专用，不得挪作他作。具体办法由国务院规定。

第九条　国家和省、自治区人民政府，对民族自治地方的林业生产建设，依照国家对民族自治地方自治权的规定，在森林开发、木材分配和林业基金使用方面，给予比一般地区更多的自主权和经济利益。

第十条　国务院林业主管部门主管全国林业工作。县级以上地方人民政府林业主管部门，主管本地区的林业工作。乡级人民政府设专职或者兼职人员负责林业工作。

第十一条　植树造林、保护森林,是公民应尽的义务。各级人民政府应当组织全民义务植树,开展植树造林活动。

第十二条　在植树造林、保护森林、森林管理以及林业科学研究等方面成绩显著的单位或者个人,由各级人民政府给予奖励。

第二章　森林经营管理

第十三条　各级林业主管部门依照本法规定,对森林资源的保护、利用、更新,实行管理和监督。

第十四条　各级林业主管部门负责组织森林资源清查,建立资源档案制度,掌握资源变化情况。

第十五条　下列森林、林木、林地使用权可以依法转让,也可以依法作价入股或者作为合资、合作造林、经营林木的出资、合作条件,但不得将林地改为非林地:

(一)用材林、经济林、薪炭林;

(二)用材林、经济林、薪炭林的林地使用权;

(三)用材林、经济林、薪炭林的采伐迹地、火烧迹地的林地使用权;

(四)国务院规定的其他森林、林木和其他林地使用权。

依照前款规定转让、作价入股或者作为合资、合作造林、经营林木的出资、合作条件的,已经取得的林木采伐许可证可以同时转让,同时转让双方都必须遵守本法关于森林、林木采伐和更新造林的规定。

除本条第一款规定的情形外,其他森林、林木和其他林地使用权不得转让。

具体办法由国务院规定。

第十六条　各级人民政府应当制定林业长远规划。国有林业企业事业单位和自然保护区,应当根据林业长远规划,编制森林经营方案,报上级主管部门批准后实行。

林业主管部门应当指导农村集体经济组织和国有的农场、牧场、工矿企业等单位编制森林经营方案。

第十七条　单位之间发生的林木、林地所有权和使用权争议,由县级以上人民政府处理。

个人之间、个人与单位之间发生的林木、林地所有权和使用权争议,由当地县级或者乡级人民政府依法处理。

当事人对人民政府的处理决定不服的,可以在接到通知之日起一个月内,向人民院起诉。

在林木、林地权属争议解决以前,任何一方不得砍伐有争议的林木。

第十八条 进行勘查、开采矿藏和各项建设工程,应当不占或者少占林地;必须用或者征用林地的,经县级以上人民政府林业主管部门审核同意后,依照有关土地的法律、行政法规办理建设用地审批手续,并由用地单位依照国务院有关规定缴纳森林、植被恢复费,森林植被恢复费专款专用,由林业主管部门依照有关规定统一安排植树造林,恢复森林植被,植树造林面积不得少于因占用、征用林地而减少的森林植被面积。上级林业主管部门应当定期督促、检查下级林业主管部门组织植树造林、恢复森林植被的情况。

任何单位和个人不得挪用森林植被恢复费。县级以上人民政府审计机关应当加强森林植被恢复费使用情况的监督。

第三章 森林保护

第十九条 地方各级人民政府应当组织有关部门建立护林组织,负责护林工作;根据实际需要在大面积林区增加护林设施,加强森林保护;督促有林的和林区的基层单位,订立护林公约,组织群众护林,划定护林责任区,配备专职或者兼职护林员。

护林员可以由县级或者乡级人民政府委任。护林员的主要职责是:巡护森林,制止破坏森林资源的行为。对造成森林资源破坏的,护林员有权要求当地有关部门处理。

第二十条 依照国家有关规定在林区设立的森林公安机关,负责维护辖区社会治安秩序,保护辖区内的森林资源,并可以依照本法规定,在国务院林业主管部门授权的范围内,代行本法第三十九条、第四十二条、第四十四条规定的行政处罚权。

武装森林警察部队执行国家赋予的预防和扑救森林火灾的任务。

第二十一条 地方各级人民政府应当切实做好森林火灾的预防和扑救工作:

(一)规定森林防火期。在森林防火期内,禁止在林区野外用火;因特殊情况需要用火的,必须经过县级人民政府或者县级人民政府授权的机关批准;

(二)在林区设置防火设施;

(三)发生森林火灾,必须立即组织当地军民和有关部门扑救;

(四)因扑救森林火灾负伤、致残、牺牲的,国家职工由所在单位给予医疗、抚恤;非国家职工由起火单位按照国务院有关主管部门的规定给予医疗、抚恤,起火单位对起火没有责任或者确实无力负担的,由当地人民政府给予医疗、抚恤。

第二十二条　各级林业主管部门负责组织森林病虫害防治工作。

林业主管部门负责规定林木种苗的检疫对象,划定疫区和保护区,对林木种苗进行检疫。

第二十三条　禁止毁林开垦和毁林采石、采砂、采土以及其他毁林行为。

禁止在幼林地和特种用途林内砍柴、放牧。

进入森林和森林边缘地区的人员,不得擅自移动或者损坏为林业服务的标志。

第二十四条　国务院林业主管部门和省、自治区、直辖市人民政府,应当在不同自然地带的典型森林生态地区、珍贵动物和植物生长繁殖的林区、天然热带雨林等具有特殊保护价值的其他天然林区,划定自然保护区,加强保护管理。

自然保护区的管理办法,由国务院林业主管部门制定,报国务院批准施行。

对自然保护区以外的珍贵树木和林区内具有特殊价值的植物资源,应当认真保护;未经省、自治区、直辖市林业主管部门批准,不得采伐和采集。

第二十五条　林区内列为国家保护的野生动物,禁止猎捕;因特殊需要猎捕的,按照国家有关法规办理。

第四章　植树造林

第二十六条　各级人民政府应当制定植树造林规划,因地制宜地确定本地区提高森林覆盖率的奋斗目标。

各级人民政府应当组织各行各业和城乡居民完成植树造林规划确定的任务。

宜林荒山荒地,属于国家所有的,由林业主管部门和其他主管部门组织造林;属于集体所有的,由集体经济组织组织造林。

铁路公路两旁、江河两侧、湖泊水库周围,由各有关主管单位因地制宜地组织造林;工矿区,机关、学校用地,部队营区以及农场、牧场、渔场经营地区,由各该单位负责造林。

国家所有和集体所有的宜林荒山荒地可以由集体或者个人承包造林。

第二十七条　国有企业事业单位、机关、团体、部队营造的林木,由营造单位经营并按照国家规定支配林木收益。

集体所有制单位营造的林木,归该单位所有。

农村居民在房前屋后、自留地、自留山种植的林木,归个人所有。城镇居民和职工在自有房屋的庭院内种植的林木,归个人所有。

集体或者个人承包国家所有和集体所有的宜林荒山荒地造林的,承包后种植的林木归承包的集体或者个人所有;承包合同另有规定的,按照承包合同的规定执行。

第二十八条　新造幼林地和其他必须封山育林的地方,由当地人民政府组织封山育林。

第五章　森林采伐

第二十九条　国家根据用材林的消耗量低于生长量的原则,严格控制森林年采伐量。国家所有的森林和林木以国有林业企业事业单位、农场、厂矿为单位,集体所有的森林和林木、个人所有的林木以县为单位,制定年采伐限额,由省、自治区、直辖市林业主管部门汇总,经同级人民政府审核后,报国务院批准。

第三十条　国家制定统一的年度木材生产计划。年度木材生产计划不得超过批准的年采伐限额。计划管理的范围由国务院规定。

第三十一条　采伐森林和林木必须遵守下列规定:

(一)成熟的用材林应当根据不同情况,分别采取择伐、皆伐和渐伐方式。皆伐应当严格控制,并在采伐的当年或者次年内完成更新造林;

(二)防护林和特种用途林中的国防林、母树林、环境保护林、风景林,只准进行抚育和更新性质的采伐;

(三)特种用途林中的名胜古迹和革命纪念地的林木、自然保护区的森林,严禁采伐。

第三十二条　采伐林木必须申请采伐许可证,按许可证的规定进行采伐;农村居民采伐自留地和房前屋后个人所有的零星林木除外。

国有林业企业事业单位、机关、团体、部队、学校和其他国有企业事业单位采伐林木,由所在地县级以上林业主管部门依照有关规定审核发放采伐许可证。

铁路、公路的护路林和城镇林木的更新采伐,由有关主管部门依照有关规定审核发放采伐许可证。

农村集体经济组织采伐林木,由县级林业主管部门审核发放采伐许可证。

农村居民采伐自留山和个人承包集体的林木,由县级林业主管部门或者其委托的乡、镇人民政府审核发放采伐许可证。

采伐以生产竹林为主要目的的竹林,适用以上各款规定。

第三十三条 审核发放采伐许可证的部门,不得超过批准的年采伐限额发放采伐许可证。

第三十四条 国有林业企业事业单位申请采伐许可证时,必须提出伐区调查设计文件。其他单位申请采伐许可证时,必须提出有关采伐的目的、地点、林种、林况、面积、蓄积、方式和更新措施等内容的文件。

对伐区作业不符合规定的单位,发放采伐许可证的部门有权收缴采伐许可证,中止其采伐,直到纠正为止。

第三十五条 采伐林木的单位或者个人,必须按照采伐许可证规定的面积、株数、树种、期限完成更新造林任务,更新造林的面积和株数不得少于采伐的面积和株数。

第三十六条 林区木材的经营和监督管理办法,由国务院另行规定。

第三十七条 从林区运出木材,必须持有林业主管部门发给的运输证件,国家统一调拨的木材除外。

依法取得采伐许可证后,按照许可证的规定采伐的木材,从林区运出时,林业主管部门应当发放运输证件。

经省、自治区、直辖市人民政府批准,可以在林区设立木材检查站,负责检查木材运输。对未取得运输证件或者物资主管部门发给的调拨通知书运输木材的,木材检查站有权制止。

第三十八条 国家禁止、限制出口珍贵树木及其制品、衍生物。禁止、限制出口的珍贵树木及其制品、衍生物的名录和年度限制出口总量,由国务院林业主管部门会同国务院有关部门制定,报国务院批准。

出口前款规定限制出口的珍贵树木或者其制品、衍生物的,必须经出口人所在地省、自治区、直辖市人民政府林业主管部门审核,报国务院林业主管部门批准,海关凭国务院林业主管部门的批准文件放行。进出口的树木或者其制品、衍生物属于中国参加的国际公约限制进出口的濒危物种的,并必须向国家濒危物种进出口管理机构申请办理允许进出口证明书,海关并凭允许进出口证明书放行。

第六章 法律责任

第三十九条 盗伐森林或者其他林木的,依法赔偿损失;由林业主管部门责令补种盗伐株数十倍的树木,没收盗伐的林木或者变卖所得,并处以盗伐林木价值三倍以上五倍以下的罚款。

滥伐森林或者其他林木,由林业主管部门责令补种滥伐株数五倍的树木,并处滥伐林木价值二倍以上五倍以下的罚款。

拒不补种树木或者补种不符合国家有关规定的,由林业主管部门代为补种,所需费用由违法者支付。

盗伐、滥伐森林或者其他林木,构成犯罪的,依法追究刑事责任。

第四十条　违反本法规定,非法采伐、毁坏珍贵树木的,依法追究刑事责任。

第四十一条　违反本法规定,超过批准的年采伐限额发放林木采伐许可证或者超越职权发放林木采伐许可证、木材运输证件、批准出口文件、允许进出口证明书的,由上一级人民政府林业主管部门责令纠正,对直接负责的主管人员和其他直接责任人员依法给予行政处分;有关人民政府林业主管部门未予纠正的,国务院林业主管部门可以直接处理;构成犯罪的,依法追究刑事责任。

第四十二条　违反本法规定,买卖林木采伐许可证、木材运输证件、批准出口文件、允许进出口证明书的,由林业主管部门没收违法买卖的证件、文件和违法所得,并处违法买卖证件、文件的价款一倍以上三倍以下的罚款;构成犯罪的,依法追究刑事责任。

伪造林木采伐许可证、木材运输证件、批准出口文件、允许进出口证明书的,依法追究刑事责任。

第四十三条　在林区非法收购明知是盗伐、滥伐的林木的,由林业主管部门责令停止违法行为,没收违法收购的盗伐、滥伐的林木或者变卖所得,可以并处违法收购林木的价款一倍以上三倍以下的罚款;构成犯罪的,依法追究刑事责任。

第四十四条　违反本法规定,进行开垦、采石、采砂、采土、采种、采脂和其他活动,致使森林、林木受到毁坏的,依法赔偿损失;由林业主管部门责令停止违法行为,补种毁坏株数一倍以上三倍以下的树木,可以处毁坏林木价值一倍以上五倍以下的罚款。

违反本法规定,在幼林地和特种用途林内砍柴、放牧致使森林、林木受到毁坏的,依法赔偿损失;由林业主管部门责令停止违法行为,补种毁坏株数一倍以上三倍以下的树木。

拒不补种树木或者补种不符合国家有关规定的,由林业主管部门代为补种,所需费用由违法者支付。

　　第四十五条　采伐林木的单位或者个人没有按照规定完成更新造林任务的,发放采伐许可证的部门有权不再发给采伐许可证,直到完成更新造林任务为止;情节严重的,可以由林业主管部门处以罚款,对直接责任人员由所在单位或者上级主管机关给予行政处分。

　　第四十六条　从事森林资源保护、林业监督管理工作的林业主管部门的工作人员和其他国家机关的有关工作人员滥用职权、玩忽职守、徇私舞弊、构成犯罪的,依法追究刑事责任;尚不构成犯罪的,依法给予行政处分。

第七章　附则

　　第四十七条　国务院林业主管部门根据本法制定实施办法,报国务院批准施行。

　　第四十八条　民族自治地方不能全部适用本法规定的,自治机关可以根据本法的原则,结合民族自治地方的特点,制定变通或者补充规定,依照法定程序报省、自治区或者全国人民代表大会常务委员会批准施行。

　　第四十九条　本法自 1985 年 1 月 1 日起施行。

第五章　国家林业和草原局林产品质量检验检测中心简介

一、国家人造板与木竹制品质量监督检验中心

国家人造板与木竹制品质量监督检验中心(原国家人造板质量监督检验中心)是国家林业局(原林业部)于1988年批准成立的国家级人造板质量检测中心,成立以来,在国家林业局、国家质检总局和中国林科院的领导和支持下,为我国人造板与木竹制品产品质量的提升做出了突出贡献;向有关政府部门提供了大量技术性服务,得到了政府部门的高度肯定。作为全国人造板与木竹制品质量检验的排头兵和林业系统唯一的国家级人造板与木竹制品质量检验机构,在国内人造板与木竹制品检验行业具有权威性地位和广泛影响。

二、国家林业和草原局林产品质量检验检测中心(石家庄)

国家林业和草原局林产品质量检验检测中心(石家庄)设立在河北省林果桑花质量监督检验管理中心。河北省林果桑花质量监督检验管理中心,正处级,编制18名,位于石家庄市槐安西路,主要职责是:负责全省林副产品及其加工品的质量监督和监测工作;承担以木材为原料生产加工的综合利用产品的质量监测及认定审核的具体事务性工作;负责外来林业有害生物侵入和本地林业有害生物的检验鉴定工作;承担林果桑花产地产品质量监督检验、质量信息发布;负责林木种苗质量监督检验、质量信息发布工作;承担林木种苗检验、加工及储藏技术的研究。

国家林业和草原局林产品质量检验检测中心(石家庄)于2017年通过了河北省质量技术监督局检验检测机构资质认定现场评审,并于1月20日获得河北省质量技术监督局资质认定证书,认证项目为林木种子和苗木两大类12项参数。截至2017年,是国家林业局6个林木种苗质检机构中首个获得计量认证资质认定的机构,标志着中心具有了以国家林业局林木种苗质量检验检测中心(石家庄)名义向社会出具具有证明作用的数据和结果的资质。

2017年4月,根据《国家林业局产品质量检验检测机构管理办法》规定,国家林业局组织专家对依托河北省林果桑花质量监督检验管理中心承建的国

家林业局林木种苗质量检验检测中心(石家庄)进行了授权复评审。

国家林业局认为该中心具备林木种苗质量检验检测的基本条件和能力,符合延续授权开展相应领域检验检测工作条件,同意对该中心继续授权,并颁发了审查认可授权证书,有效日期至 2022 年 3 月 23 日。

这是继 2011 年国家林业局对该中心授权后,再次获得授权,也是国家林业局林木种苗检验检测机构中唯一一家同时获得计量认证资质和国家林业局授权的单位。

三、国家林业和草原局林产品质量检验检测中心(杭州)

2008 年 2 月,国家林业局行政许可决定,在浙江省林产品质量检测站基础上成立"国家林业局林产品质量检验检测中心(杭州)"。中心位于浙江省林产品质检站(杭州市小和山高教园区),现有职工 30 人,其中专业技术人员 24 人(正高职称 2 人、副高职称 5 人、中级职称 14 人),博士、硕士 12 人,已形成人才结构合理、专业配置齐全、检测力量雄厚的技术团队。实验室面积 2 500多 m^2 ,拥有美国安捷伦气－质联用仪、美国热电等离子发射光谱仪、日本岛津材料试验机等大型仪器设备。

中心内设办公室、竹木产品检测部、森林食品检测部、财务部。主要从事人造板、地板、建筑板材、木制家具、木制玩具等竹木材及制品,木材鉴定,林化产品,室内环境,食用笋、山地水果、干果、食用菌、食用植物油、茶叶等可食林产品及其产地环境,肥料的检测,以及相关质量评定、标准制(修)订、新产品新技术研发和技术服务。

四、国家林业和草原局经济林产品质量检验检测中心(杭州)

国家林业和草原局经济林产品质量检验检测中心(杭州)依托于中国林业科学研究院亚热带林业研究所,于 2008 年 10 月成立,目前通过国家认监委计量认证、国家认监委食品检验机构资质认定、国家认可委实验室认可和国家林业局行政许可,是从事经济林产品质量检验检测的专业机构。

中心位于杭州富阳市大桥路 73 号(311400),内设办公室、质量部和检测部。中心授权承担上级部门委托的经济林产品质量检验、监测任务,承担社会相关单位委托的检测工作,开展有关经济林产品质量检验检测技术和标准制(修)订等研究工作。

中心现有员工 15 人,其中高级职称人员 4 人,硕士以上学历 8 人,专业包括植物保护学、应用化学、环境科学和林学等。已形成人才结构合理、专业配置齐全、检测力量雄厚的技术团队。中心检测实验室面积 1 200 m²,拥有气－质联用仪、液－质联用仪、全自动氨基酸分析仪、气相色谱仪、液相色谱仪、电感耦合等离子体质谱仪、离子色谱仪、原子吸收光谱仪、原子荧光光谱仪、全自动定氮仪等大型仪器 40 多台(套)。可满足对水、土壤、食品、蔬菜、果品、动植物油脂、食用植物油等经济林产品、生产投入品和产地环境质量参数的检测。

2006～2016 年,中心参加并通过了国家认监委、CNAS 组织的有关合成着色剂、重金属、农药残留、植物油中脂肪酸、酱油中山梨酸、苯甲酸、黄曲霉毒素、苯并(a)芘、土壤中重金属 Ni、Cu、Zn 含量等 25 余次能力验证和英国 FAPAS、比利时 IMEP 等相关能力验证。

中心始终坚持"科学、公正、准确、规范"的质量方针,以服务市场、服务企业、服务林业为宗旨,为推动我国经济林产业的发展而努力。

五、国家林业和草原局经济林产品质量检验检测中心(合肥)

国家林业局经济林产品质量检验检测中心(合肥)是经过国家林业局批准,由安徽省林业厅依托安徽省林业高科技开发中心(安徽省合肥市庐阳区大杨镇合淮路 68 号)筹建而成的,于 2016 年 5 月通过安徽省质监局资质认定。

国家林业和草原局经济林产品质量检验检测中心(合肥)现有实验室面积 600 多 m²,专职检测人员和管理人员 10 名,各类检验检测仪器设备 60 多台(套),其中进口的大型仪器有:美国 PE 原子吸收光谱仪,美国安捷伦、日本岛津气相色谱仪,美国沃特世液相色谱仪、CEM 微波消解仪等。该中心可以检测的项目包括可食用经济林初级产品中的农药残留含量、重金属含量,经济林产地土壤重金属含量、营养元素含量、pH 等。

2017 年 1 月,国家林业局组织有关专家,对安徽省林业高科技开发中心申请成立的"国家林业局经济林产品质量检验检测中心(合肥)"进行了现场评审。

评审专家查看了实验室设备、设施及检测环境,并依据《国家林业产品质量监督检验检测机构基本条件》《国家林业局质检机构评审细则》和该中心"质量手册""程序文件"等质量管理体系文件,采取听、看、问、查、评的方式进行,从机构与人员、仪器设备、管理制度、检测工作、检验报告、环境条件六个方面,进行逐项逐条评审。评审专家共核查了 50 个项目,其中 23 个关键项全部合格,27 个非关键项只有 3 项为基本合格,其余均为合格。

评审组一致认为,该中心在申请授权承检产品的范围内,具有按有关标准进行检测的能力,符合《国家林业产品质量监督检验检测机构基本条件》的要求,同意通过评审,建议报请国家林业局审批。

国家林业和草原局经济林产品质量检验检测中心(合肥)通过资质认定,标志着该中心可以为社会提供经济林产品质量检测服务,从而为开展全省经济林产品质量监管、确保森林食品安全、保护消费者权益、提高经济林生产企业效益和竞争力提供了有力的技术保障。

六、国家林业和草原局经济林产品质量检验检测中心(南昌)

国家林业和草原局经济林产品质量检验检测中心(南昌)是由国家林业局批准设立,依托于江西省林业科学院建设成立的。中心于 2014 年 11 月通过了江西省质量技术监督局认证,获得了"计量认证书"与"食品检验机构资质认定证书",2015 年 4 月获得国家林业局的行政许可授权,2017 年 11 月通过江西省质量技术监督局组织的复评审,是一家专门从事经济林产品质量检验检测的专业机构。

中心现有员工 17 人,其中高级职称人员 3 人、中级职称 6 名、初级职称 5 名,硕士及以上学历 11 人、本科学历 2 人,涉及专业包括化学、生物技术、食品科学、经济林学、林产化工等学科。设立有机检测室、无机检测室、质量部、综合办公室四个部门。目前,中心检测能力参数已达 117 项,其中食品参数 50 项、植物油脂参数 18 项、水质参数 22 项、土壤参数 27 项。检测能力范围有经济林产品:山地水果、干果、食用竹笋、油茶、食用植物油等,产地环境:土壤、水等,食品安全:农药残留、重金属等,食品营养:蛋白质、脂肪、总糖等。

七、国家林业和草原局林产品质量检验检测中心(郑州)

河南省林产品质量监督检验中心是根据省林业厅《关于建立"河南省林产品质量检测中心"的函》(豫林函〔1990〕40 号)和河南省质量技术监督局《关于筹建"河南省林产品质量监督检验测试中心站"的通知》(豫技监发〔1991〕31 号)精神组建。1992 年 4 月通过了省技术监督局计量认证、审查认可(验收)并正式授权。分别 15 次通过河南省质量技术监督局实验室资质认定、审查认可。

国家林业局林产品质量检验检测中心(郑州)于 2009 年在河南省质量技术监督局资质认定的基础上,由国家林业局批准,并于 2009 年 8 月正式挂牌成立。该机构设在河南省林业科院研究院,同样和河南省林产品质量监督检验中心行政归属河南省林业厅,人员挂靠在河南省林业科学研究院,业务受河南省质量技术监督局、国家林业局的指导,是河南省集林产品研究与质量监督检验于一体的社会公益性非营利法定专业检验机构。

本中心位于河南省郑州市金水区林科路 1 号,共有技术人员 15 名,其中高级技术职称 5 名、中级技术职称 9 名、初级职称 1 名。现有固定实验室面积 1 000 m²,检验设备 100 余台(套),拥有气质联用仪、气相色谱仪、液相色谱仪、原子吸收分光光度计、微机控制人造板万能试验机、木材显微切片机等大型进口分析仪器,总固定资产 1 000 余万元,主要由竹木制品检测部、食用林产品检测部、业务室及办公室组成。检验内容涵盖了目前市场上各类竹木制品,林化产品以及经济林产品质量安全、产地环境质量等项目共 40 个产品 162 个参数。本中心严格按照《检验检测机构资质认定评审准则》(2016 版)和《检测和校准实验室能力的通用要求》(GB/T 15481—2000)建立质量管理体系,并保证持续改进。

八、国家林业和草原局林产品质量检验检测中心(武汉)

2008 年 5 月 28 日,经国家林业局的评审和授权,国家林业局林产品质量检验检测中心(武汉)正式在湖北省林产品质量监督检验站挂牌成立。

湖北省林产品质量监督检验站成立于 1990 年,2001 年通过了湖北省质量技术监督局的计量认证,取得了授权资格,成为湖北省唯一的林产品专业质检机构。2003 年被国家质检总局全国生产许可证办公室确认为首批人造板生产许可证审查检验机构,2007 年通过了食用林产品检验、认证授权。近几年来,湖北省林业局投入资金 300 多万元,支持该站添置了大批先进仪器设备,并建立了专业的检测技术体系和较为完善的质量体系,圆满完成了湖北省技术监督局、湖北省林业局及省国税局下达的多项林产品质量安全抽查与检测任务,发布了 9 次食用林产品无公害检测信息。此外,还为各加工企业提供了多次委托检测服务,累计提供检验检测报告 3 000 多份,较好地履行了林产品质量与安全监管的职能。

2008 年 3 月,国家林业局经过严格的评审,授权在湖北成立国家林业局林产品质量检验检测中心(武汉)。中心计量认证检测范围包括人造板、木材鉴定、经济林产品、土壤和灌溉水等 28 个产品,88 个参数。中心建立了完善的质量管理体系,拥有林产品质检专业实验室,配套设施和各项基础条件较好。2014 ~ 2018 年,共计监测密度纤维板、细木工板、复合地板、核桃、板栗、茶籽油、木耳、香菇等产品 1 150 批次。国家林业局林产品质量检验检测中心

（武汉）的成立，标志着湖北在林产品质量检验检测方面上了一个新的台阶，有利于提高湖北林产品质量检测服务水平，对推动湖北乃至中部地区林业产业的发展发挥积极作用。

九、国家林业和草原局林产品质量检验检测中心（长沙）

湖南省林产品质量检验检测中心于 2009 年经湖南省机构编制委员会办公室批准设立，坐落于长沙市雨花区梓园路 356 号，是湖南省林业厅直属的公益一类事业单位，具有第三方公正性地位的法定质检机构，加挂"国家林业局林产品质量检验检测中心（长沙）""国家林业局林木种苗质量检验检测中心（长沙）""湖南省林地土壤测试中心"三块牌子。

国家林业和草原局林产品质量检验检测中心（长沙）自成立以来，检验检测能力大幅提升，先后获得中国合格评定国家认可委员会（CNAS）实验室认可证书、国家林业局授权证书、检验检测机构资质认定证书。国家林业局林产品质量检验检测中心（长沙）下设综合财务科、林产品检测科、质量技术科、种苗检测科、种子储备科五个职能部门，拥有气相质谱联用仪、液相质谱联用仪、气相色谱仪、液相色谱仪、电感耦合等离子体质谱仪（ICPMS）等大中型仪器设备 200 多台（套），仪器设备固定资产 1 400 多万元，实验室面积 2 600 m²，建成了国内领先的无菌实验室。有研究员、副高职称等专业技术人员 19 人，研究生以上学历 12 人、博士 3 人，涵盖森林培育、木材科学与技术、林产化工、食品工程、分子生物学、分析化学等 19 个学科与专业，初步形成了人才结构合理、专业配置齐全、检测力量较强的技术团队。

国家林业和草原局林产品质量检验检测中心（长沙）的主要业务是承担国家林业和草原局、湖南省林业厅下达的林产品质量安全监测、林木种苗质量安全监测、林地土壤质量安全监测与种子储备调剂等任务，业务范围包括人造板、木竹家具、木材、林业产地环境、林化产品、林木种苗、经济林产品等非食用林产品和茶油、竹笋等食用林产品的检测、质量评定、标准制（修）订及相关技术服务。自 2014 年至 2018 年，承担或参与制定标准和科研项目 20 项，其中已审定国家、行业、地方标准 10 项，在研标准 3 项，主持或参加国家、省厅科研项目 7 项。"闽楠高效培育关键技术与应用""南方红豆杉苗木培育与经营技术研究"两项科研成果获省科技进步三等奖，累计在 SCI 期刊、中文核心期刊等科技刊物发表论文 30 余篇。2017 年，获评全省林木种苗工作先进集体单位。

十、国家林业和草原局林产品质量检验检测中心(南宁)

依托广西壮族自治区林业科学研究院成立的国家林业和草原局林产品质量检验检测中心(南宁),广西壮族自治区林产品质量检验检测中心、广西壮族自治区木材产品质量监督检验站,经国家林业局和广西壮族自治区质量技术监督局的资质认定和授权,是法定的第三方产品质量检验检测机构,出具的检验检测结果具有法律效力。

主要业务承担国内外木材、人造板、木地板、木家具及木制产品、林化产品、经济林产品、林业土壤及肥料等100多类产品,1 000多个项目(参数)的产品质量检验检测及企业质量管理、技术培训、技术咨询、标准制(修)定,新产品、新技术研发鉴定检测等。

检测能力:实验室现有检验检测专业技术人员33人,其中博士2人、硕士10人,高级职称9人、中级职称11人。中心内设综合业务室、木材检测室、人造板检测室、化学检测室、经济林产品检测室、质量保证室,建立有木材标本馆,在凭祥、北海、柳州设立检验业务工作站。实验室面积约2 000多 m^2 ,拥有检验检测仪器设备200多台(套),仪器设备先进齐全,技术力量雄厚。2016年,在检测中心检验检测专业技术、专业团队和研究能力的基础上,成立"广西林业科学研究院木材研究所"。

服务范围:

产品质量检测服务:①承担政府对林产品质量监督抽查检验;②承担国家林业局、林业厅对行业林产品质量监测检验;③承担法院、公安、海关、工商、林业等部门对林产品质量仲裁鉴定、司法鉴定检验;④承担有关部门开展新工艺、新方法、新产品鉴定检验检测;⑤受理市场、社会以及广大客户的产品质量委托检验检测;⑥承担国家、行业、地方标准制(修)订项目验证检测。

技术咨询服务:①行业产业企业质量、品牌提升、认证咨询;②行业产业企业转型升级,提质技术咨询;③木材及木材产品性能及工艺技术创新、研发、研究;④林产品标准制(修)订及其产品检验检测技术培训,技术咨询;⑤人造板、林化、肥料、经济林产品认证和生产许可咨询;⑥林产企业标准化示范,质量管理认证咨询,林木资源调查评估,木材价格评估。

检测范围:

1. 木材产品

(1)木材树种鉴定:国内外各类木材、红木、名贵木材树种鉴定。

(2)木材质量:原木、锯材尺寸、等级等。

（3）木材材性：木材密度、强度等。

（4）木制品：工艺品（水珠）、实木衣架、木线条、木门等。

（5）木家具：实木家具、板式家具、红木家具等。

（6）木地板：实木地板、实木复合地板、浸渍纸层压木质地板等。

（7）人造板：纤维板、刨花板、胶合板、细木工板、生态板等。

（8）胶粘剂：脲醛树脂、酚醛树脂、三聚氰胺树脂等。

2. 林化产品

（1）松脂：松节油、脂松香等。

（2）香料：香油、桂油、山苍子油、柠檬油、樟油等。

3. 林木肥料产品

复合肥、有机肥、钙镁磷肥、氯化钾肥等。

4. 经济林产品类

八角、八角油、玉桂、桂皮、桂油、茶油、核桃、板栗、竹笋、木耳、油茶籽、香菇、森林土壤类、林业土壤质量、产地环境质量检验与监测。

十一、国家林业和草原局经济林产品质量检验检测中心（昆明）

国家林业和草原局经济林产品质量检验检测中心（昆明）正式成立于2017年1月，是依托云南省林业科学院建设的专业从事经济林产品质量检验检测的第三方机构。中心通过了云南省质量技术监督局的CMA计量认证，获得了国家林业局的行政许可，授权承担上级部门委托的经济林产品质量检验、检测任务，承担社会委托的检测工作，开展有关经济林产品质量检验检测技术和标准制（修）订等研究工作。

中心内设质量控制室、综合办公室、理化检测室、微生物检测室、有机检测室、无机检测室、木材鉴定检测室、苗木鉴定检测室等部门。中心现有实验室面积 2 140 m^2，拥有液相色谱仪、气相色谱仪、原子吸收分光光度计、原子荧光分光光度计、等离子发射光谱仪、离子色谱、纤维素分析仪、脂肪抽提仪、全自动凯氏定氮仪、木材力学实验机、扫描电镜、木材切片机等精密仪器50余台（套）。可满足对食品、蔬菜、果品、动植物油脂、食用植物油等经济林产品质量参数的检验检测，木材材种鉴定与力学性能检测和苗木品种、质量、纯度的检验检测，土壤分析检测。

国家林业和草原局经济林产品质量检验检测中心（昆明）始终坚持"科学、公正、准确"的质量方针，以服务市场、服务企业、服务林业为宗旨，为推动我国经济林产业的发展而努力。

十二、国家林业和草原局林产品质量检验检测中心(西安)

陕西省林业工业产品质量监督检验站经国家林业局批准,授权为国家林业局林产品质量检验检测中心(西安)。该中心是国家林业局在西北设立的唯一林产品检测中心。2008年2月初,国家林业局组织专家组对陕西省林业工业产品质量监督检验站进行了评审,评审结论为"该质监机构在申请承检的产品范围内,具备了按有关标准进行检测的能力,符合《国家林业局产品质量监督检验测试中心基本条件》的要求,同意评审通过,报请国家林业局审批"。2月25日,国家林业局批准省林产品质检站成立"国家林业局林产品质量检验检测中心(西安)",并颁发授权证书,准许刻制"国家林业局林产品质量检验检测中心(西安)"印章。

授权检测范围:

(1)木材树种鉴定:各类进口、国产木材树种鉴定、红木及红木家具的鉴定。

(2)各类人造板:混凝土模板用胶合板、混凝土模板用竹材胶合板、胶合板、细木工板、装饰单板贴面人造板、中密度纤维板、刨花板、浸渍胶膜纸饰面人造板、硬质纤维板、竹编胶合板、纺织用木质层压板、创切车厢胶合板、地板基材用纤维板、聚氯乙烯薄膜饰面人造板、热固性树脂浸渍高压装饰层积材、不饱和聚酯树脂装饰人造板、乒乓球拍用胶合板、航空用桦木胶合板、混凝土模板用浸渍胶膜纸贴面胶合板、室内用模压刨花制品等各类人造板材。

(3)各类木(竹)地板:实木地板、实木复合地板、实木集成地板、强化木地板、竹地板、体育馆用木质地板等各类木(竹)地板。

(4)本质门:实木门、实木复合门、夹板模压空心门、建筑木门、木窗等各类木门。

(5)木家具。

(6)甲醛释放量或含量的测定:人造板及其制品甲醛在释放限量、木家具中甲醛释放量、室内空气甲醛含量。

(7)软木产品:软木地板、软木纸、软木砖、栓皮。

(8)原木、锯材、木线、木龙骨、一次性木筷子、一次性竹筷子、旋切单板等。

(9)其他林业产品。

十三、国家林业和草原局经济林产品质量检验检测中心(兰州)

2018 年 12 月,经国家市场监管总局批准,受林业行业评审组的委托,检验检测机构资质认定现场评审组 3 人依据《检验检测机构资质认定评审准则》及《检验检测机构资质认定评审通知表》等相关要求,对国家林业和草原局经济林产品质量检验检测中心(兰州)(以下简称"中心")进行了资质认定现场评审。

评审专家组通过现场试验(盲样考核、人员比对、加标回收、常规试验、操作演示)、查阅报告和记录、核查设备、现场提问等多种方式进行了检测能力的确认,对中心管理体系的运行状况、检测人员技术能力等给予肯定,认为中心的质量管理体系及其运行基本符合资质认定准则的要求,中心配备的人员、仪器设备、环境等条件满足开展检验检测工作的需要,一致同意通过现场评审。

目前,中心检测能力范围涉及干果、水果、香辛料、食用菌共 4 大类产品 798 项参数,可开展经济林产品的理化品质、农药残留和重金属含量检测。中心作为国家林业和草原局系统质检机构,先后承担国家林业局经济林产品质量安全抽检 370 余批次,承担省级林果产品质量安全监测任务 160 余批次,在经济林产品农药残留、重金属等检测方面积累了一定的经验。中心始终坚持"科学、公正、高效、服务"的质量方针,通过不断提升质量管理体系运行水平和检验检测能力,为推动甘肃省经济林产品质量安全监测而不懈努力。

十四、国家林业和草原局经济林产品质量检验检测中心(乌鲁木齐)

2017 年 6 月 9 日,国家林业局科技司组织有关专家,对新疆林业厅申请由林业科学院筹建的"国家林业局经济林产品质量检验检测中心(乌鲁木齐)"进行了现场评审。

评审专家依据《国家林业产品质量监督检验检测机构基本条件》《国家林业局质检机构评审细则》等技术政策规定,看了实验室设备、检测环境,中心"质量手册"和"程序文件"等质量管理体系构件,从机构与人员、仪器设备、管理制度、检测工作、检验报告、环境条件六个方面,逐项逐条进行了评审。评审专家组共核查了 50 个项目,其中 4 项为基本合格,其余均为合格。

评审组一致认为,该中心在申请授权承检产品的范围内,具有依照国家和自治区有关法律按有关标准进行检测的能力,符合《国家林业产品质量监督检验检测机构基本条件》的要求,同意通过评审。

十五、国家林业和草原局林产品质量检验检测中心(成都)

国家林业和草原局林产品质量检验检测中心(成都)挂靠于四川省林业科学研究院,位于四川省成都市新辉西路18号。国家林业和草原局林产品质量检验检测中心(成都)拥有各种专业检测仪器和设备100余台(套),现有专职检验人员30人,其中博士2人、硕士6人,研究员1人、教授级高工1人、高级工程师11人。检测能力包括人造板及其制品、家具、林化产品、土壤、植物、灌溉水和食用林产品共七大类。承担着国家林业局木质林产品行业监测,四川省质监局人造板、家具、林化产品的定期监督检验和四川省林业厅食用林产品质量安全监测任务,为四川省林业厅构建省、市林产品监测网络提供技术支撑,分别在宜宾、南充、广元、达州、乐山、泸州、西昌、康定、阿坝建立了市级林产品监测站。